Meinem hochverehrten ehemaligen Lehrer,

Geheimer Baurat Dr.-Ing. e. h. C. Dantscher,

o. Professor an der Technischen Hochschule München,

in Dankbarkeit gewidmet.

ISBN 978-3-642-90517-9   ISBN 978-3-642-92374-6 (eBook)
DOI 10.1007/978-3-642-92374-6

Additional material to this book can be downloaded from http://extras.springer.com

Vorwort.

Hochwasservoraussagen liefern heute noch vielfach unbefriedigende Ergebnisse. Das mag mit ein Grund sein dafür, daß außer einigen kürzeren Abhandlungen keine umfassendere Veröffentlichung auf diesem Gebiet bisher erschienen ist. Vorliegende „Hochwasservoraussage" versucht diese Lücke zu schließen und will gleichzeitig einen Beitrag zur Verbesserung der Voraussagen leisten. Der erste Teil des Werkchens bringt einen Überblick über den heutigen Stand der Voraussage aus der Wetterlage, aus den Niederschlägen und aus den Wasserständen bzw. Wassermengen. Im zweiten Teil werden sodann alle Einflüsse untersucht, die bei Bildung und Abfluß eines Hochwassers zusammenwirken, daraus allgemeingültige Gesichtspunkte für die Voraussage abgeleitet und diese in einem Verfahren zusammengefaßt. Mit Rücksicht auf die zu Beginn des Ausbaues einer Vorhersage meist nur wenigen vorhandenen Unterlagen beginnt dieses Verfahren als reines Wasserstandsverfahren, das dann bis zur Niederschlagsvoraussage mit Verwendung der Wassermengen ausgebaut werden kann, bei gleichzeitiger Steigerung der Vorhersagegenauigkeit und Verlängerung der Vorhersagezeit. Die Betrachtung der Hochwasserverhältnisse zeigt verschiedene Ursachen für bisherige Mißerfolge und damit den Weg zur Verbesserung und den Ausbau bestehender Verfahren. Daneben konnten verschiedene Zusammenhänge über den Wasserabfluß und die Beziehungen zwischen Fluß- und Grundwasser aufgezeigt werden, die außer für die Hochwasservoraussage auch von allgemeinerem Interesse sein werden, wie z. B.: Die Betrachtung über die Dichte des Flußschlauches, die Bestimmung der Größe der Versickerung pro Zeiteinheit für die verschiedenen Wasserstände, die erweiterte Schlüsselkurve, die Überlagerung von Vorauseilen und Retention bei Bildung der Fließzeit, ein Verfahren für die Ermittlung der Seeretention in der Voraussage usw. Eine kurze Stellungnahme zum Verfahren schließt die Arbeit ab.

Wenn auch die Hochwasserverhältnisse und die angewandten Verfahren an jedem Fluß etwas andere sind, so wünsche ich doch, daß durch die vorliegenden allgemeingültigen nicht für einen bestimmten Fluß durchgeführten Betrachtungen die Hochwasservoraussagen angeregt und gefördert werden.

Für die Mitteilung von weiterhin gemachten Erfahrungen bin ich dankbar.

Dem Verlag Julius Springer spreche ich für das Entgegenkommen, das er bei der Drucklegung gezeigt hat, und für die vorzügliche Ausstattung des Buches meinen besten Dank aus.

Aschaffenburg, im Februar 1938.

Wallner.

Inhaltsverzeichnis.

Erster Abschnitt.

Die bisherige Entwicklung der Hochwasservorausbestimmung.

Zweiter Abschnitt.

Das vorzuschlagende Verfahren.

Die bisherige Entwicklung der Hochwasservorausbestimmung.

I. Allgemeines.

Die Hochwasservorausbestimmung kann von verschiedenen Grundlagen ausgehen und sie kann verschiedenen Zwecken dienen. Danach läßt sich unterscheiden eine Vorhersage aus der Wetterlage, aus den Niederschlägen oder aus den Pegelständen und Teilwassermengen; für die verschiedenen Zwecke teilt man ein in kurzfristige Vorhersagen mit einer Zeitspanne zwischen Vorhersage und Eintritt von mehreren Stunden bis einigen Tagen, und in langfristige Vorhersagen mit einer Voraussagezeit von vielen Tagen oder Monaten.

Die Vorhersage aus der Wetterlage kommt vorläufig für größere Gebiete noch nicht in Frage, da es der Wettervorhersage noch nicht möglich ist, rechtzeitig genügend zuverlässige und ausreichende Angaben zu machen über Eintritt, Stärke, Ausdehnung und Gang der Niederschläge. Für ein kleineres Einzugsgebiet wird in Abschnitt II ein durchgeführter Versuch näher beschrieben.

Die Vorhersage aus den gefallenen Niederschlägen wird für kleine Gebiete schon praktisch durchgeführt im Flutplanverfahren der Stadtkanalisation. Die Gebiete haben aber im allgemeinen nur die Ausdehnung einer bei stärkerem Niederschlag überregneten Fläche und die Vorhersage ermittelt die Wassermenge und den zeitlichen Ablauf nur innerhalb dieses Einzugsgebietes. Ein Versuch der Voraussage nach dem Flutplanverfahren für ein größeres Gebiet und ein Beispiel für die Niederschlagsvoraussage mittels Durchflußmengenzuwachslinien wird in Abschnitt III beschrieben.

Die Vorhersage aus den Wasserständen mit und ohne Heranziehung der Wassermengen wird heute am meisten angewendet. Man bestimmt mit Hilfe der gemeldeten Wasserstände der flußaufwärts liegenden Pegelstellen und aus den Erfahrungen früherer Hochwasser den zu erwartenden Wasserstand. Der Stand der heutigen Voraussage auf diesem Wege sei an den zwei Beispielen der oberösterreichischen Donau und dem Rhein in Abschnitt IV gezeigt.

II. Vorausbestimmung aus der Wetterlage.

Obwohl die Vorhersage aus der Wetterlage noch lange Zeit praktisch nicht durchgeführt werden wird, soll über bisherige Versuche kurz berichtet werden.

In einer Arbeit, Über die geographische Verteilung der Niederschläge in Bayern[1],

---

[1] Von Lex Friedrich, Diss.

wurde versucht, sog. Hochwasserwetterlagen zu ermitteln. Eine praktische Anwendung ist meines Wissens bisher nicht erfolgt.

Ein anderer beachtenswerter Erfolg wurde erzielt mit kurzfristiger Niederschlagsvorhersage und Hochwasservorausbestimmung an der obersteierischen Mur[1], für das obere Mur- und Mürztal mit ausgesprochen inneralpiner Lage. Der Untersuchung liegt folgender Gedankengang zugrunde: Soll im Einzugsgebiet Niederschlag fallen, so muß sich vorher eine Wetterlage ausbilden, bei der an gewissen Stellen Europas (z. B. westlich von Spanien) hoher und an anderen Stellen (z. B. Oberitalien) tiefer Druck herrscht. Dagegen kann mit heiterem, trockenem Wetter gerechnet werden, wenn hoher Druck über Mitteleuropa und Rußland, tiefer Druck über West- und Nordwesteuropa liegt. Der Grad der Wahrscheinlichkeit des Eintreffens eines Niederschlages und die Höhe desselben wird aus der täglichen Wetterkarte mit den eingetragenen Isobaren und Temperaturen durch Rechnung wie folgt festgestellt: Man bildet täglich für das Druckgefälle $\Delta B = \Sigma B_E - B_W$, worin B_{E1}, B_{E2} ... den Luftdruck (in Millibar) einer Anzahl Stationen bedeutet, die bei hohem Druck trockenes Wetter bringen und worin B_{W1}, B_{W2} ... dem Luftdruck solcher Stationen entspricht, die bei hohem Druck dem Einzugsgebiet vorwiegend Niederschläge bringen. Die täglich errechneten und aufgetragenen ΔB-Werte geben eine Linie, die eine zahlenmäßige Beurteilung der Druckverhältnisse gestattet und angibt, aus welcher Richtung und mit welcher Intensität Luftmassen das Einzugsgebiet überfluten. Haben diese herangeführten Luftmassen nun eine wesentlich andere Temperatur als die durch sie verdrängte Luft, besteht also ein mehr oder minder großes Temperaturgefälle, so wird es in der Regel zu mehr oder minder großen Niederschlägen kommen. Das Temperaturgefälle ΔT, in analoger Weise wie das Druckgefälle gerechnet und aufgetragen, gibt einen zahlenmäßigen Aufschluß über den Wärmeinhalt der bewegten Luftmassen. Die dritte Größe, der Wasserdampfgehalt der Luft, muß unberücksichtigt bleiben, da er von den ausländischen Stationen nicht gemeldet wird. Nach der richtigen Wahl der Stationen und Ermittlung der (in nachfolgender Tabelle für die Mur zusammengestellten) Koeffizienten kann die Dichte des Niederschlages N_m errechnet werden zu $N_m = a \cdot \Delta B + b \cdot \Delta T + c$, in „mm“.

Tab. 1. Werte zur Ermittlung von N_m.

Jahreszeit		Frühjahr		Sommer		Herbst		Winter	
ΔT		>0	<0	>0	<0	>0	>0	<0	>0
Zahl der verwendeten	Niederschlagsperioden	14	13	46	8	19	11	1	17
	Niederschlagstage	71	53	121	26	34	24	2	42
Werte der Korrelationsfaktoren		0,82	0,70	0,61	0,86	0,77	0,63	—	0,65
Werte der Koeffizienten in der Gleichung $N_m = a \cdot \Delta B + b \cdot \Delta T + c$	a	+0,12	+0,06	—0,12	—0,15	—0,22	—0,14	—	—0,05
	b	+0,18	—0,17	+0,38	—0,25	+0,73	—0,54	—	—0,25
	c	+6,5	+4,3	+2,0	—1,7	+0,7	—4,2	—	—1,7
Wahrscheinlicher Fehler je Niederschlagstag	in mm	0,7	0,6	2,1	0,9	2,1	1,9	—	1,8
	in %	16	16	25	23	17	28	—	34

Der Niederschlag beginnt im allgemeinen innerhalb der nächsten 24 Stunden, sobald die fallende ΔB-Linie die ΔT-Linie schneidet, also wenn $\Delta B < \Delta T$ bzw.

---

[1] Versuch einer kurzfristigen Niederschlagsvorhersage, von Rudolf Bratschko. Wasserwirtsch. 1933 Nr. 16.

negativ wird und hört innerhalb der nächsten 24 Stunden auf, wenn wieder $\Delta B > \Delta T$ bzw. positiv wird. Die Niederschlagswahrscheinlichkeit zeigt Tab. 1, die für die Jahreszeiten getrennt aufgestellt ist.

Nachfolgend Beispiele für die Mur in den vier Jahreszeiten.

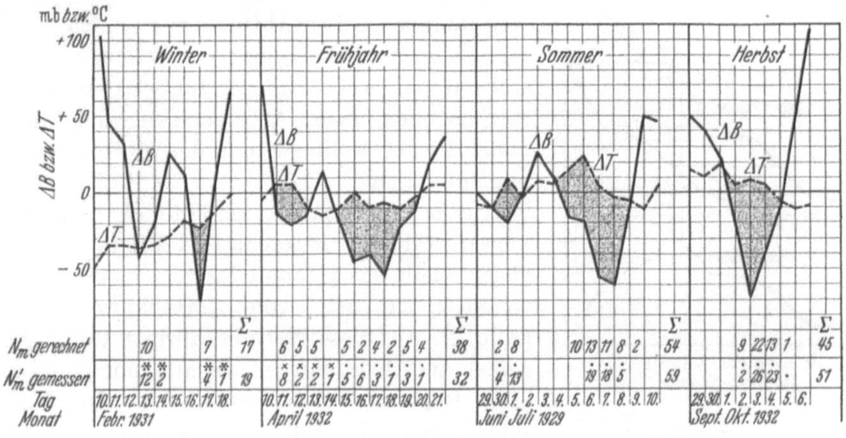

	Winter			Frühjahr			Sommer			Herbst	
			Σ			Σ			Σ			Σ
N_m gerechnet	10	7	17	6 5 5 5 2 4 2 5 4	38	2 8 10 13 11 8 2	54	9 22 13 1	45
N_m' gemessen	12 2 4 1	19	8 2 2 1 5 6 3 1 3 1	32	4 13 19 18 5	59	2 26 23 ·	51
Tag Monat	10.11.12.13.14.15.16.17.18. Febr. 1931		10.11.12.13.14.15.16.17.18.19.20.21. April 1932		29.30.1. 2. 3. 4. 5. 6. 7. 8. 9. 10. Juni Juli 1929		29.30.1. 2. 3. 4. 5. 6. Sept. Okt. 1932	

Abb. 1.

III. Vorausbestimmung aus den Niederschlägen.

Die erste Vorausbestimmung aus den Niederschlägen stammt von Belgrand[1] und wurde 1856 an der Seine eingerichtet. Nachfolgend seien zwei neuere Niederschlagsvoraussagen besprochen:

A. Niederschlagsvoraussage nach dem Flutplanverfahren.

Der Versuch, das mehrfach verbesserte und für die Stadtkanalisation entwickelte Flutplanverfahren auch für die Vorausbestimmung des Hochwasserablaufes zu verwenden, ist naheliegend. Es eignet sich dieses Verfahren jedoch nur für kleine Einzugsgebiete, wie spätere Ausführungen zeigen. Trotzdem soll dem Interesse wegen ein durchgeführter Versuch für ein großes Einzugsgebiet, den Main, näher beschrieben werden[2].

Unter der Annahme, daß eine Hochwasservorausberechnung von Fall zu Fall praktisch nicht durchführbar ist, sieht Sprengel einen anderen möglichen Weg in der Berechnung von „typischen Gruppen von Hochwassermöglichkeiten" mit Hilfe des Abfluß-Verzögerungsplanes, da nach seiner Annahme ein städtisches Kanalnetz viel Ähnlichkeit mit einem Flußsystem besitzt. Das Prinzip der Anwendung für ein Flußsystem ist folgendes: Es wird angenommen, daß in einem Flußgebiet überall zu gleicher Zeit ein Regen von gleicher Stärke und gleicher Dauer niedergeht. Es wird weiter angenommen, daß der Abfluß von der Flächeneinheit überall gleich groß sei und sofort in den nächstgelegenen Punkt des Hauptflusses oder der Nebenflüsse gelange. Die Zeit, die der Regen bis dahin braucht, wird also nicht berücksichtigt.

---

[1] La Seine, Etudés hydroliques. Paris 1873.

[2] Sprengel: Über die Vorausbestimmung von Flußhochwasser unter Anwendung des Verzögerungsplanes. Z. dtsch. Archit.- u. Ing.-Vereine. Berlin 1913 Nr. 47/48.

Die Fließzeit t eines Regentropfens zum Durchfließen der Flußstrecke 1 wird nun rechnerisch ermittelt aus $t = 1:v$ und $v = c \cdot \sqrt{h \cdot J}$, wobei der Koeffizient c zu 50 angenommen wird und h die mittlere Wassertiefe und J das Talgefälle bedeuten. Durch Aufzeichnen der Anlauf- und Ablaufkurve nach dem Flutplanverfahren in bekannter Weise mit den errechneten Fließzeiten und der gegebenen Regendauer wird die Abflußkurve ermittelt. Letztere ist noch unabhängig von bestimmten Regenstärken und es sind deshalb für bestimmte Regenstärken oder besser Abflußstärken die Flächenmaße der Abflußkurve mit der Abflußmenge zu multiplizieren.

Unter der Annahme, daß die An- und Ablaufkurven für das betrachtete Flußsystem immer gleich bleiben, wird nun für verschiedene Regenzeiten t, $2t$, $3t$ ... die Abflußkurve ermittelt (Abb. 2). Auf diese Weise erhält man für ein Flußgebiet die Abflußkurven, die alle möglichen Fälle eines Regenabflusses einschließen. Die Kurven sind je nach Regendauer verschieden. Die Verschiedenheit der Regenstärke bzw. der Abflußstärke wird durch Anwendung des entsprechenden Maßstabes auf die von den Abflußkurven dargestellten Flächenwerte berücksichtigt, wobei immer für das ganze Flußgebiet Regen mit gleichbleibender Dauer und Stärke anzunehmen ist.

Als Beispiel wird von Sprengel die Voraussage des Mains bei Offenbach durchgeführt. Nach Berechnung der Größe des Einzugsgebietes und der Fließzeiten wurde zunächst ein vorläufiger Verzögerungsplan für das Maingebiet aufgestellt (Abb. 4) und die Abflußkurven für verschiedene Abflußzeiten ermittelt (Abb. 5). Diese Abflußkurven zeigen das für die größeren Anschwellungen des Mains charakteristische Bild der beiden Wellen. Es besteht bei Offenbach zwischen den Spitzen der Wellen und den Senken ein bestimmtes Verhältnis, sowohl in der zeitlichen Folge (Abszissen), wie in der Stärke (Ordinaten). Trägt man die bekannten und näher beobachteten größeren Hochwasser in die Abflußkurven versuchsweise in verschiedenen Maßstäben ein, so findet man schließlich eine Abflußkurve, die am meisten dem Verlauf des betreffenden Hochwassers entspricht. Die Differenzen, die noch bleiben, geben den Anhaltspunkt, wo die Annahme offenbar den tatsächlichen Verhältnissen nicht entsprechen und wie sie richtigzustellen sind.

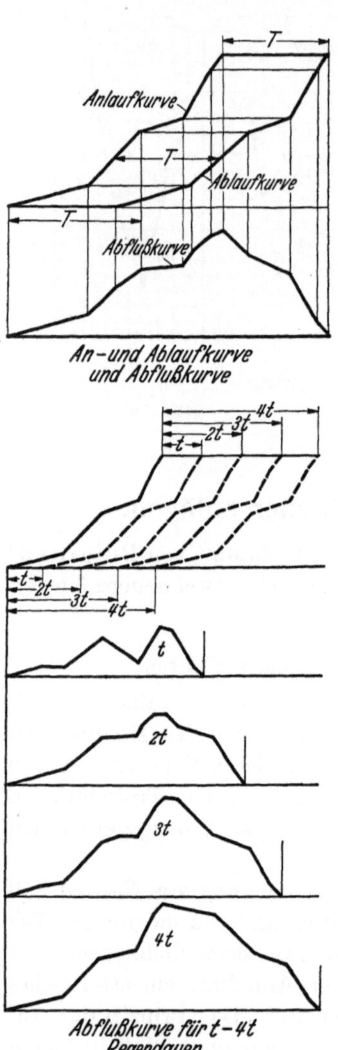

Abb. 2.

So wird ein mehrmaliges Auftragen und versuchsweises Rückwärtsberechnen durchgeführt, bis schließlich Verzögerungsplan und Abflußkurven sich in einer

Form darstellen, die mit den bis jetzt vorliegenden tatsächlichen Beobachtungen gut übereinstimmen. Das Ergebnis dieser Untersuchung für Offenbach stellt

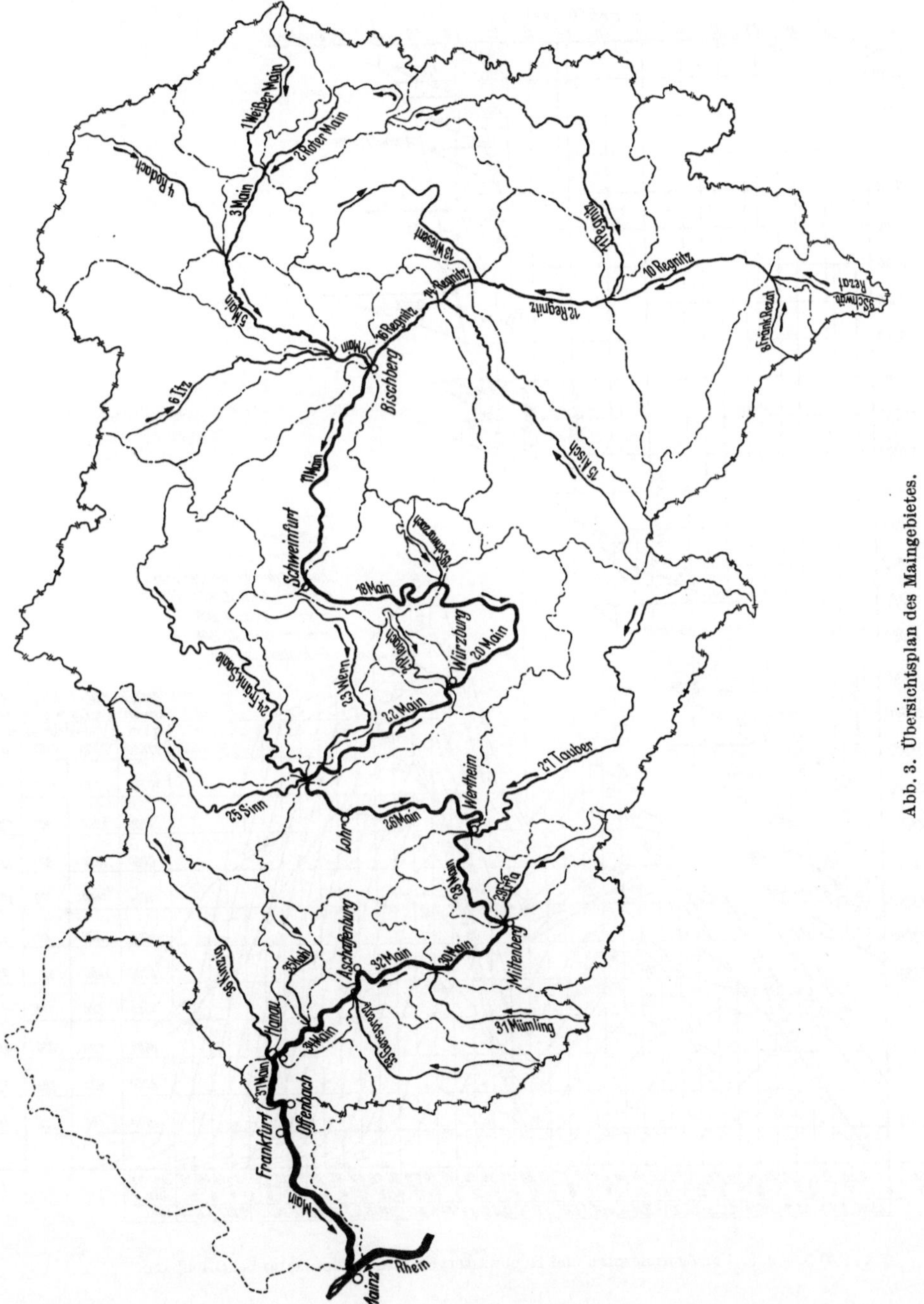

Abb. 3. Übersichtsplan des Maingebietes.

Abb. 5 dar. Verzögerungsplan und Abflußkurven sind in ihren Abszissen als Stunden und in ihren Ordinaten als Quadratkilometer aufgetragen. Die Hoch-

wasser vom 2.—8. März 1906, vom 16.—22. März 1906 und vom 4.—10. Februar
1909 sind in ihren Abszissen ebenfalls in Stunden, in ihren Ordinaten dagegen in

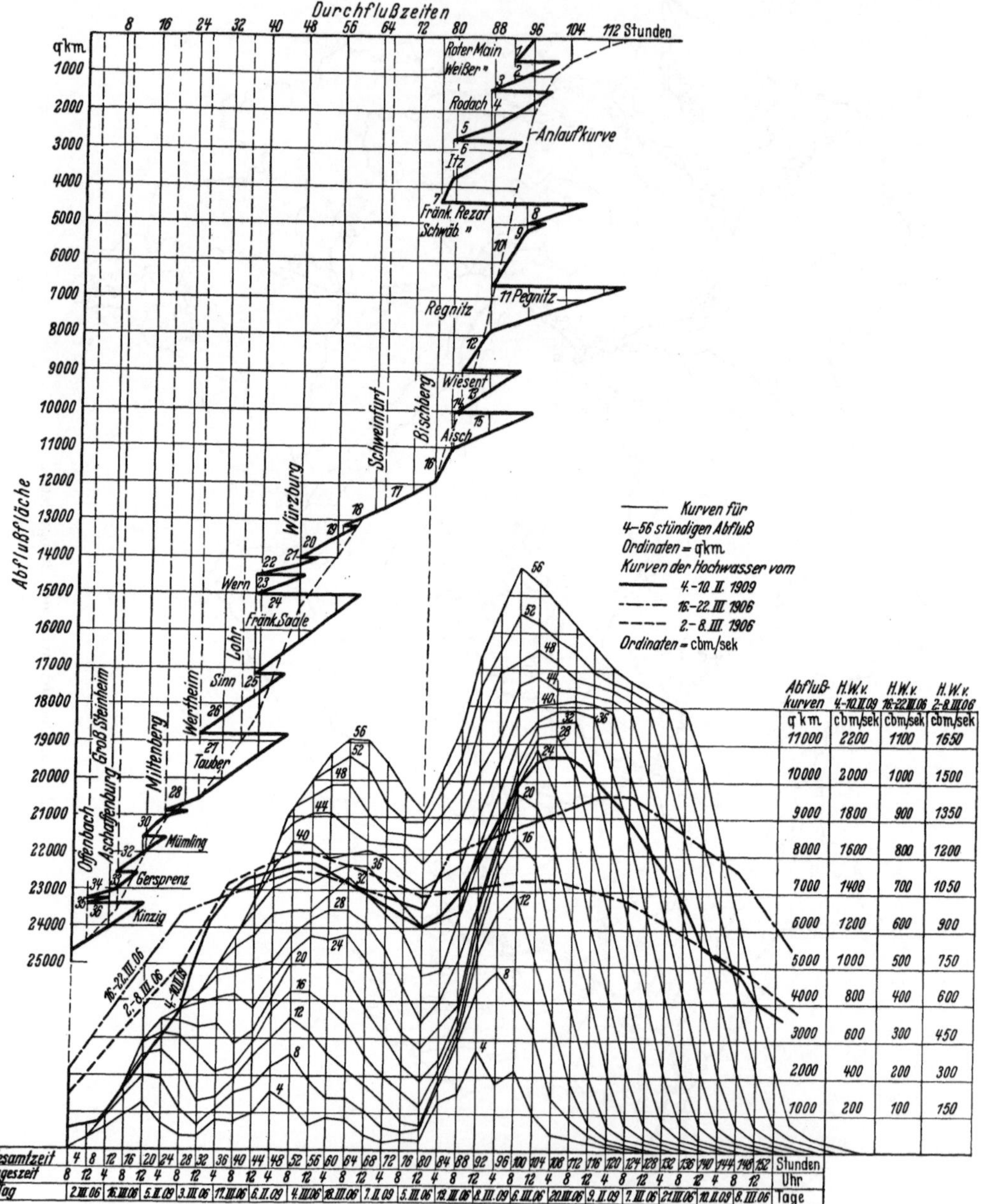

Abfluß-kurven	H.W.v. 4–10.II.09	H.W.v. 16–22.III.06	H.W.v. 2–8.III.06
qkm	cbm/sek	cbm/sek	cbm/sek
11000	2200	1100	1650
10000	2000	1000	1500
9000	1800	900	1350
8000	1600	800	1200
7000	1400	700	1050
6000	1200	600	900
5000	1000	500	750
4000	800	400	600
3000	600	300	450
2000	400	200	300
1000	200	100	150

Gesamtzeit	4	8	12	16	20	24	28	32	36	40	44	48	52	56	60	64	68	72	76	80	84	88	92	96	100	104	108	112	116	120	124	128	132	136	140	144	148	152	Stunden
Tageszeit	8	12	4	8	12	4	8	12	4	8	12	4	8	12	4	8	12	4	8	12	4	8	12	4	8	12	4	8	12	4	8	12	4	8	12	4	8	12	Uhr
Tag	2.III.06	16.III.06	5.II.09	3.III.06	17.III.06	6.II.09	4.III.06	18.III.06	7.II.09	5.III.06	19.III.06	8.III.06	6.III.06	20.III.06	9.II.09	7.III.06	21.III.06	10.II.09	8.III.06																				Tage

Abb. 4 u. 5. Verzögerungsplan und Hochwasserverhältnisse des Mains bei Offenbach.

Durchflußmengen eingezeichnet. Da die Abflußmengen für die Flächeneinheit bei
den verschiedenen Hochwassern verschieden sind, so ergibt sich daraus der ver-
schiedenartige Maßstab der als Ordinaten aufgetragenen Abflußmengen.

Man sieht aus der Abb. 5, daß der tatsächliche Verlauf der Hochwasser mit den konstruierten Abflußkurven im wesentlichen übereinstimmt. Eine genauere Übereinstimmung ist, wie noch gezeigt wird, nicht möglich. — Zwischen den Spitzen der beiden Wellen und der Senke besteht in diesem besonderen Fall von Offenbach stets eine bestimmte Beziehung, die abhängt von Abflußstärke und Abflußdauer. Haben die erste Welle und Senke bestimmte Werte erreicht, und folgen sie sich in einem bestimmten Zeitraum, so erreicht die zweite Welle eine ganz bestimmte Höhe und folgt in ganz bestimmtem Zeitraum der Senke. Diese Beziehungen sind zusammengestellt in Tab. 2.

Tab. 2. Bestimmung von Hochwasser im Main bei Offenbach.

Abfluß an Regen und Schneewasser			Erste Welle		Senke			Zweite Welle		
mm/min.	cbm/sec und qkm	Dauer in Std.	Pegel (cm)	cbm/sec	Pegel (cm)	cbm/sec	nach der ersten Welle Std.	Pegel (cm)	cbm/sec	nach der ersten Welle (Std.)
0,015	0,25	32	350	730	275	470	16	440	1160	46
0,03	0,50	12			140	140	28	480	1400	48
0,05	1,00	5			145	150	32	500	1450	46
0,015	0,25	48	400	980	375	850	18	480	1350	42
0,03	0,50	19			230	360	25	580	1900	45
0,06	1,00	8			200	250	28	600	1950	44
0,015	0,25	64	450	1200	435	1120	10	555	1720	30
0,03	0,50	25			320	600	20	650	2250	48
0,06	1,00	10			210	280	28	710	2300	46
0,03	0,50	32	500	1460	395	950	16	715	2320	46
0,06	1,00	12			220	300	28	815	2750	48
0,03	0,50	42	550	1700	500	1450	24	775	2470	52
0,06	1,00	16			285	500	26	915	3350	46
0,03	0,50	48	600	1970	545	1700	18	805	2700	42
0,03	0,50	56	650	2250	580	1840	14	890	3200	34

Anmerkung: $^{1}/_{8}$ Schneehöhe = Abflußhöhe.

Stellungnahme zum Flutplanverfahren von Sprengel. Es ist verständlich, daß die mit dem Flutplanverfahren erzielten Erfolge bei Berechnung von Kanalnetzen zu dem Versuch führen, das Verfahren auch für die natürlichen Flußläufe anzuwenden, weshalb näher darauf eingegangen wurde. Es zeigt jedoch die Betrachtung der Abflußverhältnisse, daß beim Kanalnetz die Querschnittsformen, Wandrauigkeit und Gefälle verhältnismäßig gleichmäßig und durch Koeffizienten erfaßbar sind. Bei natürlichen Flußläufen dagegen wechseln diese ständig und lassen sich nur als rohe Schätzung in das Verfahren einführen. Sprengel gibt selbst an, daß eine genaue Übereinstimmung zwischen Vorhersage und tatsächlichem Ablauf nicht möglich ist, weil die Grundlagen für die Entwicklung der Abflußkurven nicht genau genug ermittelt werden können und weil die grundlegende Annahme eines gleichstarken und gleichzeitigen Regens für das ganze Maingebiet nie zutrifft. Die Vorhersage auf einem anderen Wege als über die An- und Ablaufkurven, wie dies im zweiten Teil ausgeführt worden wird, erreicht eine bessere Erfassung der Verhältnisse und erzielt deshalb genauere Ergebnisse.

Die Form des abfließenden Hochwassers ist meist eine einmalige und kehrt, auch in anderen Größenverhältnissen, im allgemeinen nur wenig angenähert wieder. Die Vorausbestimmung an Hand von vorher aufgestellten typischen Hochwassergruppen ist deshalb nur in besonders gelagerten Fällen, wie es scheinbar für den Main bei Offenbach der Fall ist, möglich. Besteht aber wie für Offenbach im Hochwasserabfluß eine solch weitgehende Gesetzmäßigkeit, daß aus der Größe und zeitlichen Folge des ersten Scheitels und der folgenden Senke die Größe und zeitliche Folge der zweiten größeren Welle vorausgesagt werden kann, so ist diese angenäherte Voraussage auch schon mit einer aufgestellten Tabelle und den später besprochenen sog. Wellenbildern ohne das Flutplanverfahren möglich.

Zusammenfassend läßt sich zur Verwendung des Flutplanverfahrens für die Hochwasservoraussage größerer Einzugsgebiete deshalb sagen, daß die zur Durchführung gebrauchten Größen und die zu machenden Annahmen den tatsächlichen stark wechselnden Verhältnissen wenig gerecht werden und die erzielte Genauigkeit kleiner ist, als bei anderen bekannten Methoden.

B. Niederschlagsvoraussage mittels Durchflußmengenzuwachslinien.

Ein anderer beachtenswerter Erfolg wurde in der Voraussage aus Niederschlägen für ein kleineres Einzugsgebiet, die Wasserkraftanlage Pernegg an der Mur erzielt[1]. Hier wird mit Hilfe von graphisch dargestellten Beziehungen zwischen Niederschlag und Durchflußmengenzuwachs am Vorhersagepegel die Ganglinie punktweise ermittelt; ebenso wird auch für Tauwetter, Schnee und Frost der Durchflußmengenzuwachs in cbm/sec aus gemachten Beobachtungen festgestellt. Die aus den einzelnen Einzugsgebieten entsprechend den eingegangenen Meldungen mit Hilfe der Diagramme bestimmten Mengenzuwachse werden mit der Trockenwettermenge addiert und so der voraussichtliche Ablauf vorausgesagt. Das Verfahren liefert für den Punkt des Flusses, für den die Vorhersage aufgebaut ist, brauchbare Vorhersagen und eignet sich deshalb besonders für Wasserkraftwerke. Für ein ganzes Flußsystem mit vielen Vorhersagepunkten ist dagegen dieses Verfahren weniger geeignet[2].

IV. Vorausbestimmung aus den Pegelständen.

A. Die Voraussage aus den Pegelständen über die Wassermengen an der oberösterreichischen Donaustrecke.

Die Entwicklung und der heutige Stand der Vorausbestimmung aus den Pegelständen über die Wassermengen sei gezeigt an dem Beispiel der oberösterreichischen Donaustrecke[3].

Eingerichtet wurde die Vorhersage in Oberösterreich 1893. Die Vorhersage wurde anfangs so durchgeführt, daß man aus den zueinander in Beziehung ge-

---

[1] Bratschko, R.: Die Ganglinie der Mur als Funktion der Witterung im Einzugsgebiet. Wasserwirtsch., Wien 1928, Nr. 13 und Schaffernak, Hydrographie, Wien 1935.

[2] Näheres siehe auch Schaffernak, Hydrographie, Wien 1935.

[3] Rosenauer, F.: Die Wasserstandsvorhersage für die oberösterreichische Donaustrecke. Wasserwirtsch., Wien 1926 Nr. 8, und Einiges über die Entwicklung des Hochwassernachrichtendienstes an der Donau und ihren Nebenflüssen. Wasserwirtsch., Wien 1930 Nr. 36, und nach einer persönlichen Mitteilung.

brachten jahrelangen Wasserstandsbeobachtungen an den Pegeln in Engelhartzell
und Linz den Flutwellenscheitel für Linz voraussagte und zwar für eine Zeit von
meist acht Stunden bis günstigstenfalls 17 Stunden. Ein Hindernis für eine längere
Voraussage bildete vorläufig die Innmündung bei Passau. Da jedoch meistens die
Wasserstandsänderungen des Inns für die Ausbildung der Flutwelle maßgebend
waren, gelang es schließlich für diesen wichtigsten Fall eine Vorhersage für
12—14 Stunden zu erreichen. Dieser immer noch wenig befriedigende Zustand
währte über ein Jahrzehnt. Je nach dem persönlichen Geschick gelang es allmählich, auch für etwas kompliziertere Verhältnisse vorauszusagen. Um in der
Voraussage allmählich auf Wassermengen übergehen zu können, ging man nach
dem Kriege daran, die Schlüsselkurven für die Hochwasserstände zu vervoll-
ständigen aus Hochwasserprofil- und Oberflächengeschwindigkeitsmessungen, sowie mit Hilfe von bekannten Abflußformeln. In dem Bestreben nach einer Weiter-
entwicklung kam man zu der Überzeugung, daß die Voraussage aus den Änderungen der Wassermengen im Laufe des Hoch-
wassers genauere Werte liefern muß als die
Voraussage aus den gesamten sekundlichen
Wassermengen. Maßgebend war folgende
Überlegung (Abb. 6): Nimmt man an, daß
eine Schlüsselkurve sich geändert hat, ohne daß
dies bekannt ist, so ist es möglich, daß man
nach der eingehenden Wasserstandsmeldung
eine unrichtige Wassermenge aus der Schlüssel-

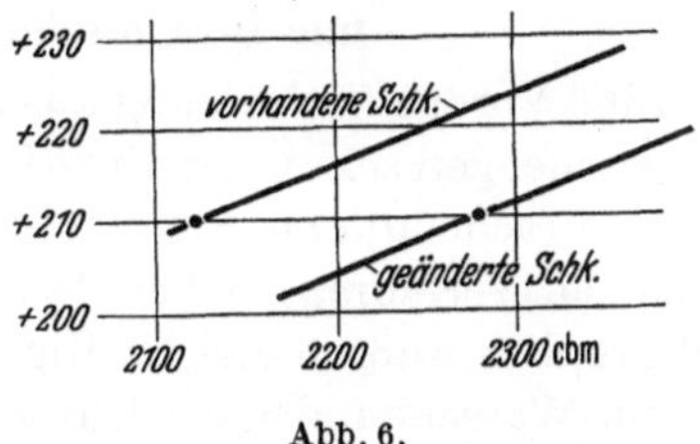

Abb. 6.

kurve abliest. Z. B. würde man beim Eintreffen der Wasserstandsmeldung von
+210 in Abb. 6 auf eine Abflußmenge von 2120 cbm/sec schließen, während tatsächlich 2280 cbm/sec abfließen. Der Fehler würde also 160 cbm/sec betragen. Betrachtet man aber nur das Steigen (oder Fallen) z. B. von +210 auf +220 aus zwei auf-
einanderfolgenden Meldungen, so ist der Unterschied in der Abflußmenge jedesmal rd. 130 cbm/sec, gleichgültig ob der alte oder der (unbekannte) geänderte
Pegelschlüssel verwendet wird. Der Fehler ist also nahezu Null. Man bestimmte
deshalb in Zukunft immer an den oberhalb gelegenen Pegeln die Wasserstandsänderungen, die sich dann nach einer gewissen Zeit auch am flußabwärts
liegendem Profil zeigen. Da man außerdem weiß, daß für nicht zu hohe Wasserstände das Wasser z. B. von Engelhartzell bis Linz acht Stunden benötigt, ist
auch bekannt, daß die Änderungen in Engelhartzell von 0—8 Uhr in Linz zwischen
8 und 16 Uhr auftreten usw. Nach F. Rosenauer ist dieser Weg der Vorhersage
aus den Änderungen von Erfolg begleitet. Bei starken Schwankungen in der
Wasserführung der kleineren Zubringer werden Verbesserungen angebracht durch
das Einschätzen des Einflusses der Zubringer.

Die praktische Durchführung geschieht in der Form, daß die Pegelstellen die
Wasserstände für angegebene Zeiten melden und damit in Linz in vorgedrucktem
Bogen die Vorhersage berechnet wird; und zwar täglich in den Morgenstunden
für den nächsten Morgen. Die auftretenden Fehler werden wie folgt angegeben:

Ein Fehler von 0 cm bei 18,5 unter 100 Voraussagen
„   „   bis 2 „   „ 37   „ 100   „
„   „   „ 6 „   „ 66,5 „ 100   „
„   „   „ 10 „ „ 85   „ 100   „

Als ein Mangel wird in den Ausführungen bezeichnet, daß einzelne Pegel der Fortpflanzungszeit nach nicht gleichweit von Linz entfernt sind (z. B. Rosenheim und Salzburg). Dieser Übelstand wird in den äußersten Fällen durch Verschieben des für die „Änderung" maßgebenden Zeitraumes möglichst ausgeglichen. Schwierigkeiten bereiten außerdem Flußstrecken mit starken Überflutungen; dieser Einfluß auf die Flutwelle wird durch Pegelbeziehungen berücksichtigt. — In den Ausführungen von 1930 teilt F. Rosenauer als weitere Entwicklung in der Voraussage mit, daß es eine unerläßliche Voraussetzung für einen brauchbaren Nachrichten- und Vorhersagedienst ist, außer der Kenntnis der Besonderheiten des Flußgebietes die Abflußmengen für die einzelnen Pegelstände und die Fortpflanzungszeiten der Flutwelle genau zu kennen. Tatsächlich zeigen auch meine Ausführungen im zweiten Teil, daß eine Verbesserung in der Voraussage nur zu erreichen ist, wenn diese Verhältnisse genau erforscht werden.

B. Die Voraussage aus Wasserständen mit und ohne Verwendung der Wassermengen und ihre geschichtliche Entwicklung am Rhein.

Eine Vorausbestimmung aus den Pegelständen mit und ohne Verwendung der Wassermengen sei an der Entwicklung der Rheinvorhersage gezeigt[1].

a) Geschichtliche Entwicklung und Beschreibung der zwei vor 1928 angewendeten Verfahren. Schon 1853, nach Inbetriebnahme der ersten elektrischen Telegraphen wurden gleichzeitig für Rhein, Elbe, Oder und Weichsel Vorschriften für ein Wasserstandsnachrichtenwesen erlassen, die in der Hauptsache bestehen blieben bis zu den Änderungen von 1877 und den folgenden Jahren, veranlaßt durch das außergewöhnliche Frühjahrshochwasser 1876. Die Hochwassermeldeordnung für den Rhein wurde in der Zwischenzeit weiterhin mehrmals ergänzt und das letztemal 1932 neu herausgegeben.

Die Hochwasservoraussage selbst ist zum ersten Male nach Einsetzen der Reichskommission zur Untersuchung der Stromverhältnisse des Rheins und seiner wichtigsten Nebenflüsse 1883 systematisch untersucht worden unter Honsells Leitung, durchgeführt vom badischen Zentralbüro in den Jahren 1886—1908. Das Ergebnis liegt in acht Heften vor. Heft VIII enthält den damaligen Stand der Vorausbestimmung. Diese künftig als „erstes" Verfahren bezeichnete Vorausbestimmung geht von der, von Nebenflüssen unbeeinflußten sog. primären Rheinwelle aus, die zunächst im Rhein vorrückend gedacht ist und alsdann durch die Nebenflußwellen eine aus früheren Hochwassern abzuleitende Umgestaltung erfährt. Das Verfahren ist, mit einer Ausnahme für den Neckar, auf gleichwertige Wasserstände aus der primären Rheinwelle ohne Verwendung der dazugehörigen Wassermengen aufgebaut. Die den gleichwertigen Wasserständen „zugehörigen" Nebenflußhöhen werden als „Minimaleinflußgrenze" bezeichnet; es sind das die Wasserstände, welche von den Nebenflüssen bei den entsprechenden Rheinständen noch erreicht werden dürfen, ohne diese bemerkenswert zu erhöhen. Mit zunehmendem Rheinstande rückt der Grenzwert des zugehörigen Nebenflußstandes in die Höhe. Wird diese Höhe bei Hochwasser von dem Nebenfluß über-

---

[1] Nach einem unveröffentlichten amtlichen „Gutachten über die Ausführung der Hoch- und Niedrigwasservoraussage am Rhein", der Landesanstalt für Gewässerkunde im Min. f. Landwirtschaft, Domänen und Forsten, Berlin, vom 31. März 1928; veröffentlicht mit Genehmigung des Herrn Reichs- u. Preußischen Verkehrsministers.

schritten, so ist eine Umgestaltung bzw. Erhöhung der primären Rheinwelle die Folge. Für das Maß dieser Erhöhungen leitet das Verfahren Beziehungen ab, die zur Voraussage dienen. Die Ermittlung des zeitlichen Verlaufes erfolgt für die gleichwertigen Wasserstände und die ermittelte Zeitfolge wird ohne weiteres auch auf Anstieg und Scheitel übertragen.

Die Rheinstrombauverwaltung machte 1903 einen Vorschlag zu einem zweiten Verfahren, das auf Wassermengen aufgebaut ist. Der Vorschlag wurde dann abgeändert mit der Begründung, daß das Wasser auf seinem Talweg mengenmäßig sich dauernd ändert durch Zuflüsse, Versickerungen usw., so daß ein mechanisches Addieren nicht möglich ist; man wählt in diesem „zweiten" auf Wassermengen aufgebauten Verfahren sog. gleichwertige Wasserstände, die aus Beharrungszuständen und Wellenscheitel und Wellental einer zu Tal gehenden Welle ermittelt werden. Es sind diese gleichwertigen Wasserstände nicht allgemein Wasserstände gleicher Wassermengen, sondern sie enthalten die Änderung der Wassermenge auf dem Talwege von einem zum anderen Pegel. Der erste Gedanke dieses Verfahrens stammt von Belgrand, der es bereits 1854 an der Seine zu Paris anwendete; es wurde dann von Maaß für den Unterrhein empfohlen und durch Berring 1884 für Andernach versuchsweise eingeführt.

b) Vergleich beider Verfahren. Ein Vergleich der Voraussagen beider Verfahren an den Anschwellungen von 1886 bis 1900 zeigte nach einem Sitzungsbericht von 1904, daß die größeren Fehler in beiden Verfahren gleichzeitig vorkommen, wenn auch das erste Verfahren etwas bessere Werte brachte. Es wurden deshalb zunächst beide Verfahren weiterhin nebeneinander angewendet und die Schlüsselkurven durch Messungen in den Jahren 1904 bis 1909 vervollständigt.

Das erste Verfahren des badischen Zentralbüros und das zweite Verfahren der Rheinstrombauverwaltung unterscheiden sich außer in der Anwendung der Wasserstände einerseits und der Wassermengen andererseits auch noch darin, daß das erste Verfahren mit verschiedenen Zulaufzeiten entsprechend der Höhe des Wasserstandes rechnet und das andere Verfahren mit einer festen, für alle Wasserstände gleichen Zulaufzeit arbeitet, was die Vorhersage vereinfacht.

Nach dem Abschluß der Arbeiten des badischen Zentralbüros durch Heft VIII 1908 wurde von der Rheinstrombauverwaltung von da ab nur mehr das zweite Verfahren, das Abflußmengenverfahren, angewandt, soweit man die wenigen Gelegenheiten der folgenden Jahre überhaupt benutzte. Nachträglich nachberechnete Hochwasser von 1914, 1915 und 1916 ergaben wieder erhebliche Fehler. Die Kriegs- und Nachkriegszeit brachte es mit sich, daß sogar der telegraphische Meldedienst versagte, als 1919/20 zwei große Hochwasserwellen im Rhein durchliefen, zu einer Voraussage kam es überhaupt nicht. Es wurden jedoch Wassermengenmessungen bei sehr hohen Wasserständen durchgeführt und in der Folgezeit die Meldeordnung verbessert, zu der das Hochwasser 1924/25 neuen Stoff lieferte.

In dem Gutachten der Landesanstalt für Gewässerkunde, Berlin vom 31. März 1928 wird nun die Ansicht vertreten, daß die Hauptursache, weshalb die Voraussage am Rhein nur wenig befriedigte, weniger in den natürlichen Verhältnissen dieses Stromes begründet liegt, als vielmehr in der Unzulänglichkeit der bisher benutzten Verfahren. Die vom badischen Zentralbüro zugrundegelegte primäre Rheinwelle ist eine theoretische Konstruktion, die nur unter den größten Vorbehalten auf die Wirklichkeit übertragen werden kann und es ist deshalb nicht zu verwundern, wenn dieses erste Verfahren sich nicht durchsetzen konnte. Gegen das Verfahren der Rheinstrombauverwaltung wird eingewendet, daß es für die Aufstellung der Schlüsselkurven (die zur Summierung der Abflußmengen gebraucht werden) noch an der genügenden Zahl von Hochwassermessungen fehlt. Außerdem wird angeführt, daß dieses reine Abfluß-Summenverfahren für brauchbare Voraussageergebnisse längere Zeit dauernde Beharrungszustände für alle in Rechnung gezogenen Gewässer voraussetze. Wellenscheitel und Wellental sind aber wegen der Abflachung jeder Welle beim Zutalgehen in diesem Sinne keine Beharrungszustände, weshalb auch das Additionsbeispiel für ausgedehnte Flußläufe bei Hochwasser nicht stimmt. Gegen die Einführung der Schlüsselkurve und der Wassermengen in die Voraussage wird angeführt, daß dies einen Umweg bedeute und damit eine Vermehrung der Fehlerquellen. Ein letzter Mangel im Verfahren ist das Arbeiten mit gleichen Zulaufzeiten für alle Wasserstände. Dazu sei bemerkt, daß meine Ausführungen im zweiten Teil teilweise andere Ansichten bringen.

c) Das 1928 eingeführte Verfahren. Die angeführten Mängel tragen nach Ansicht der Landesanstalt die Schuld an dem Mißlingen der bisherigen Voraussage. Es wird deshalb im Gutachten ein dritter nachfolgend beschriebener Weg vorgeschlagen, der zuerst an der Oder ausgebildet worden ist und auch an der Weser mit Erfolg angewendet und verbessert wurde[1].

Ermittlung der Wasserstände. Dieses dritte Verfahren ermittelt unmittelbar aus den Einzelbeobachtungen der Scheitelstände kleinerer und größerer Anschwellungen von Pegel zu Pegel die zusammengehörigen Wasserstände, die der Fortpflanzungsgeschwindigkeit der Flutwelle entsprechend in gesetzmäßiger Form nacheinander an den verschiedenen Pegelstellen immer wieder aufzutreten pflegen. Zur Ermittlung der zusammengehörigen Wasserstände bedient man sich des sog. Wellenbildes, das ist die sorgfältige Aufzeichnung einer größeren Zahl von Wellen eines Hochwassers für eine Reihe von Pegeln, zwischen denen die Beziehungen ermittelt werden sollen. Daraus lassen sich mit einiger Genauigkeit die zusammengehörigen Wasserstände finden.

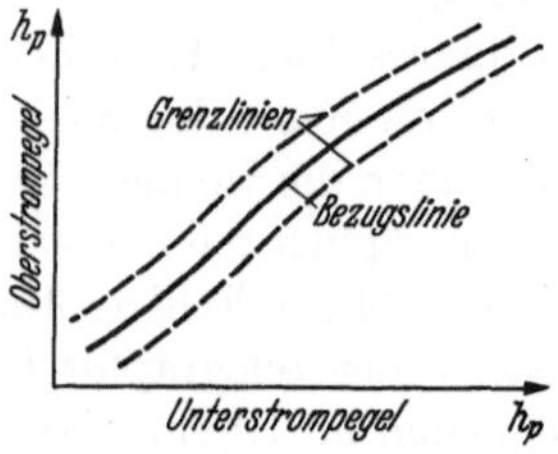

Trägt man die zusammengehörigen Wasserstände zweier zu vergleichender Pegel einer Fließstrecke in ein Koordinatennetz ein, so stellt die Verbindung aller dieser Punkte die Bezugslinie der Wasserstände zwischen den beiden Pegeln dar (Abb. 7). Unterhalb der Ausuferungshöhe verläuft die Bezugslinie nahezu gerade und im Bereiche der Ausuferung kann je nach der Form der Querprofile die

Abb. 7. Bezugslinie.

Neigung der Bezugslinie sich erheblich ändern. Es hat sich gezeigt, daß auch der älteste benutzte Wellenscheitel des Rheins von 1824 sich den Bezugslinien aus den neueren Wellen im allgemeinen gut anpaßt, d. h. die festgestellten Sohlenänderungen an einer Reihe von Rheinpegeln sind ohne größere Bedeutung geblieben. An einzelnen Pegeln ergab sich mit Rücksicht auf die Streuung der Bezugspunkte die Notwendigkeit, neben einer mittleren Bezugslinie noch durch Grenzlinien zwei Streifen zu bezeichnen, innerhalb denen je nach Wellenform und

---

[1] Vgl. K e l l e r , Weser und Ems, III. Bd., S. 547 ff.

Wasserlieferung des Zwischengebietes die gleichwertigen Beziehungen auftreten können.

Mündet zwischen zwei Pegeln ein größerer Nebenfluß ein, der die Welle im Hauptfluß maßgebend beeinflussen kann, so schreibt man an die, in diesem Fall stark streuenden Bezugspunkte die zugehörige Höhe des Wasserstandes eines geeigneten Pegels des Nebenflusses und ermittelt aus diesen angeschriebenen Zahlen für verschiedene Wasserstände des Neben-flusses eine Schar von Bezugslinien, ähnlich wie aus den in einem Lageplan aufgetragenen Höhenzahlen eines Flächennivellements die Höhenschichtlinien ge-funden werden (Abb. 8).

Die Voraussage des Wasserstandes geht dann so vor sich, daß in den Flußstrecken, in welchen die ein-fachen Bezugslinien ohne Grenzlinien gelten, aus den gegebenen obersten Wasserständen mit Hilfe dieser Bezugslinien die Wasserstände der folgenden Pegel vor-ausgesagt werden. Wo neben der Hauptbezugslinie Grenzlinien angegeben sind, muß der zum Oberpegel-stand zugehörige Unterpegelstand eingeschätzt wer-

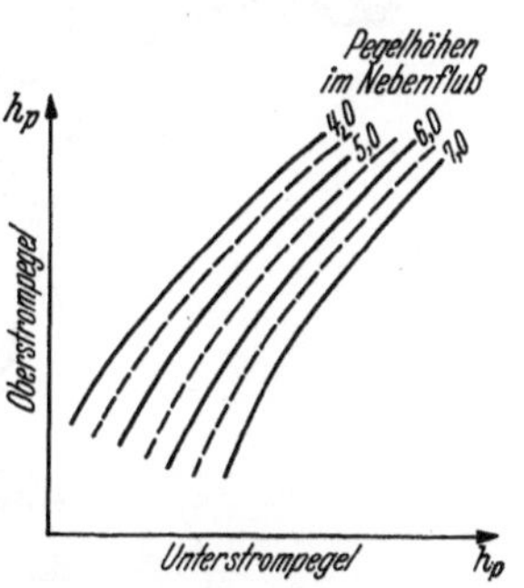

Abb. 8. Bezugslinien für eine Mündungsstrecke.

den. Bei Einmündung größerer Nebenflüsse ist außer der Kenntnis der Wasser-stände am oberen Pegel des Hauptstromes auch noch die Kenntnis der Wasser-stände am Nebenflußpegel erforderlich, die ihrerseits wieder aus weiter oberhalb gelegenen Pegeln des betreffenden Nebenflusses vorausgesagt sein können.

Der zeitliche Verlauf. Auf den Flußstrecken mit geringer Speisung aus dem Zwischengebiet lassen sich beim Vorhandensein von Schreibpegeln die Laufzeiten der Wellenscheitel im allgemeinen leicht finden. Bei Lattenpegeln ist man auf Nebenbeobachtungen und damit auf die Sorgfalt und Einsicht der Beobachter angewiesen. Die am Rhein vorliegenden Zeitangaben erwiesen sich oft als zu un-genau, es müssen in diesem Fall die schon genannten Wellenbilder herangezogen werden.

Trägt man für die einzelne Stromstrecke in einem Diagramm die Scheitelstände am oberstromigen Pegel als Ordinaten und die zugehörigen Zeiten, in denen die Scheitel die Strecke durchlaufen haben, als Abszissen auf (Abb. 9), so tritt im allgemeinen eine deutliche Gesetzmäßig-keit hervor, wenn auch eine weit stärkere Streuung der Punkte als bei der Herstellung der Bezugslinien der Wasserstände die Regel sein wird. Die Laufzeit zeigt sich nicht konstant für die verschiedenen Wasserstände. Bei kleinen Anschwellungen, die innerhalb des geschlossenen Bettes bleiben, nimmt die Laufzeit mit zunehmender Höhe der Scheitel gewöhnlich ab. Füllt der Fluß bei weiterer Anschwellung, aber immer noch unterhalb des bordvollen Standes, die flacher gehöschten Teile

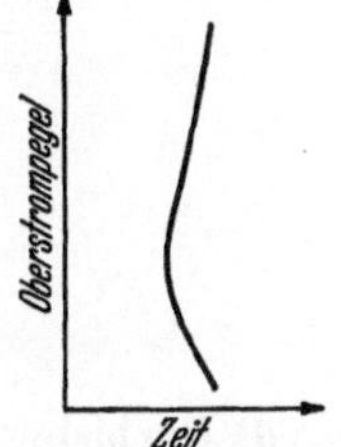

Abb. 9. Fließzeit.

seines Bettes und füllt er die besonders niedrig gelegenen Uferteile, so verwan-delt sich die Verminderung der Laufzeiten in eine Zunahme, die sich bei wei-terem Anstieg und Erreichung der allgemeinen Ausuferungshöhe verstärkt. Ist das Hochwasserbett in voller Breite gefüllt und steigt das Wasser immer noch weiter, so nimmt die Laufzeit der Scheitel wieder ab und kann unter Umständen bei geschlossenen Hochwasserquerschnitten den bei kleineren Wasserständen erreichten Mindestwerten ziemlich nahekommen.

Das im Gutachten von 1928 durchgeführte Vorhersagebeispiel ist in Abb. 12, 13 und 14 gezeigt.

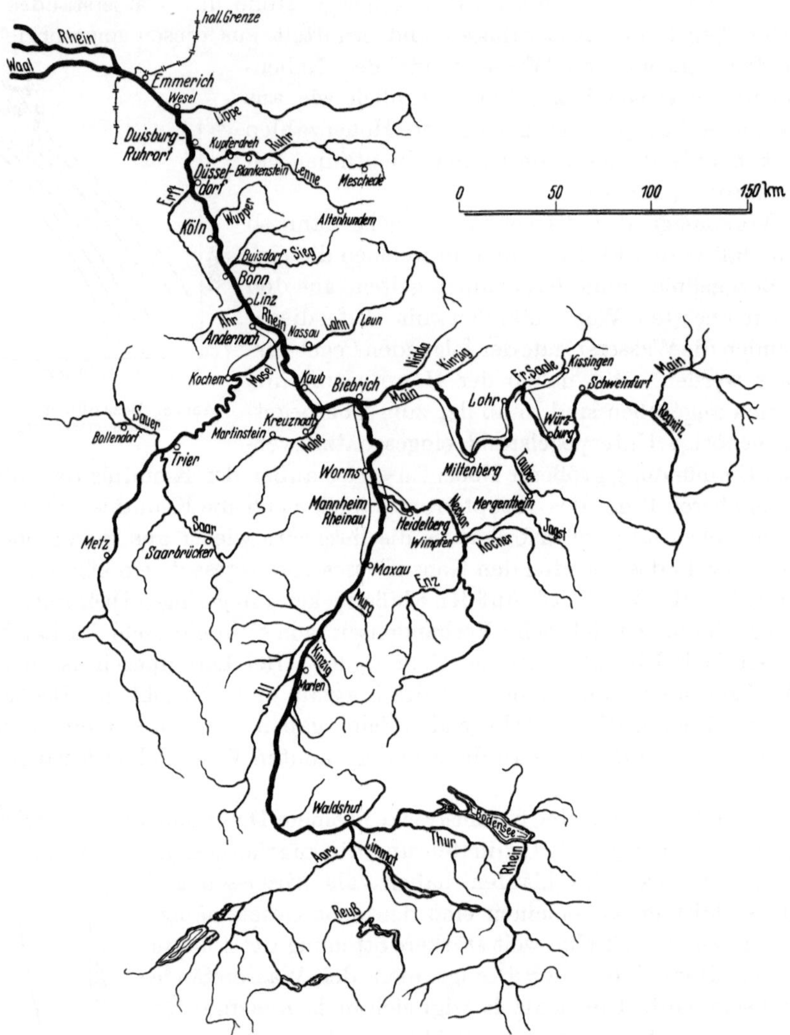

Abb. 12. Der Rhein. Übersichtskarte. Gewässer- und Pegelnetz.

d) Die bisherigen Erfahrungen mit dem 1928 eingeführten Verfahren[1]. Durchgeführte Voraussagen ergaben die besten Werte für die Scheitel der Hochwasser und weniger gute Ergebnisse für den steigenden und fallenden Ast der Welle. Auch der Zeit nach waren die Abweichungen zum Teil erheblich; dies entspricht jedoch den Hinweisen im Gutachten der Landesanstalt für Gewässerkunde Berlin, wo-

---

[1] Nach Mitteilung und Unterlagen der Rheinstrombauverwaltung Koblenz, die entgegenkommend zur Verfügung gestellt wurden.

nach größere Abweichungen hinsichtlich der Zeit zu erwarten sind. Die späteren Betrachtungen in Abschnitt 2 (hauptsächlich 2, III F) zeigen die Ur-

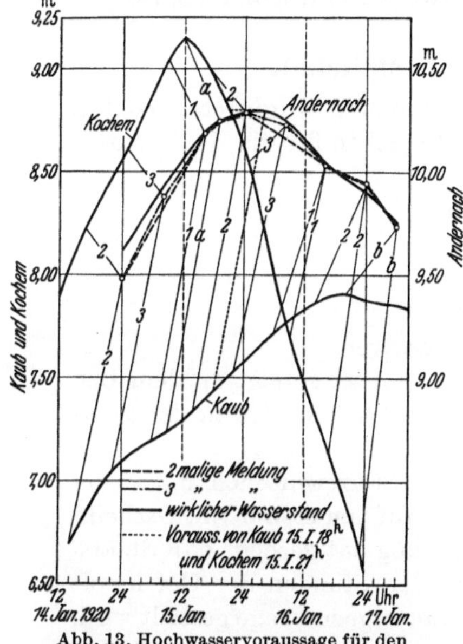

Abb. 13. Hochwasservoraussage für den Pegel Andernach im Januar 1920 auf Grund 2- und 3 maliger Meldung am Tage.

Nummer der Voraussage	Datum der Meldung	Kaub gemeldet		Kochem vorausgesagt von Trier		Andernach		
						vorausgesagt		eingetreten
		u. Uhr	cm	f. Uhr	cm	f. Uhr	cm	cm
2	14. I. 1920	14	669	17	823	24	948	962
3	14. I. 1920	22	705	1	862	8	988	993
1	15. 1. 1920	6	720	9	905	16	1 019	1 020
a	15. I. 1920	9	723[1]	12	915	19	1 025	1 025
2	15. I. 1920	14	735	17	901	24	1 029	1 029
3	15. I. 1920	22	753	1	855	8	1 023	1 025
1	16. I. 1920	6	772	9	770	16	1 004	1 005
2	16. I. 1920	14	787	17	715	24	995	990
b	16. I. 1920	20	791	23	665	6	974	975

Bem: *a* nach Scheitelmeldung von Kochem (Mosel). *b* nach Scheitelmeldung von Kaub (Rhein). Scheitel in Andernach eingetreten am 16. I. 1920 um 4 Uhr, 10,30 m.

---

[1] Geschätzter Wert.

sache für diese allmähliche Zunahme der Genauigkeit der Vorhersage mit der Annäherung an den Scheitelstand.

Erwähnt muß noch werden, daß das Verfahren von 1928

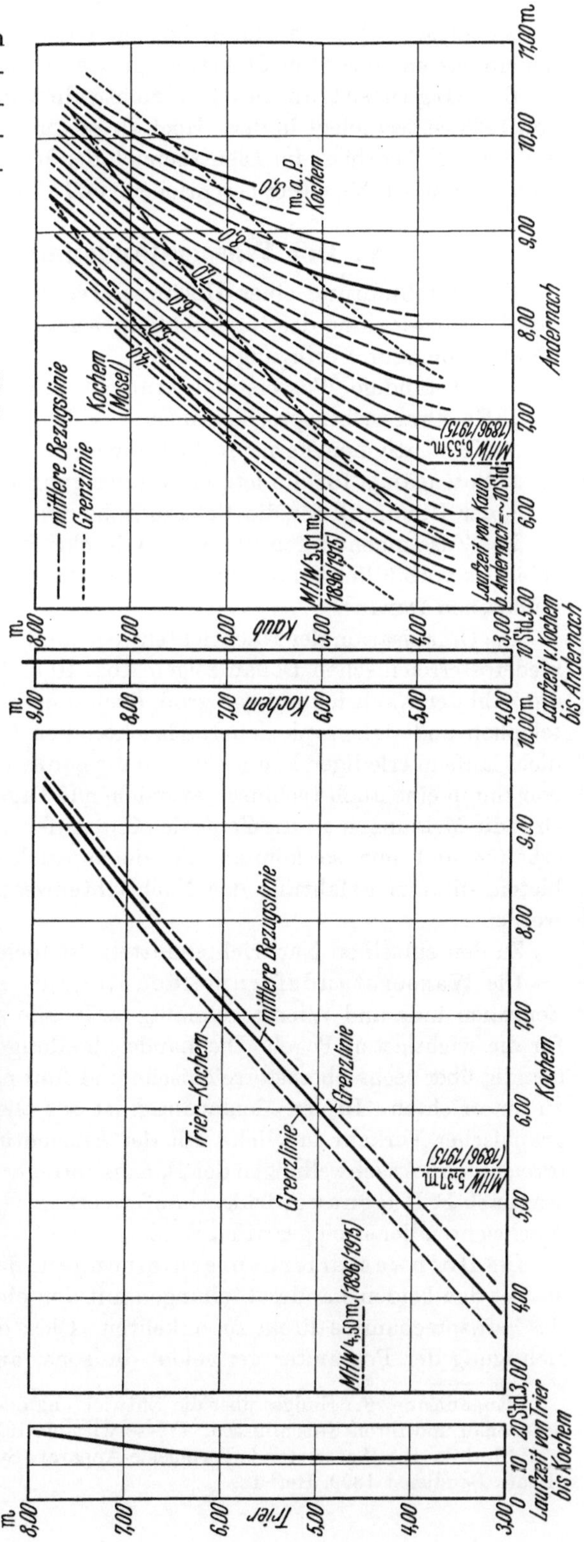

Abb. 14. Bezugslinien Trier-Kochem und Kaub-Andernach über Kochem.

harte Schläge erlitten hat durch die Lage einer Reihe seiner Ausgangspegel an den neuerdings kanalisierten Flußstrecken des Main und Neckar.

Die Organisation des Nachrichtendienstes am Rhein für das Verfahren von 1928 ist festgelegt in der „Hochwasser- und Eismeldeordnung für den Rhein und seine Nebenflüsse im Dienstbereich der Rheinstrombauverwaltung Koblenz" vom 1. Januar 1933, näher beschrieben von L. Bräuler in Der Rhein, 1933, Heft 12.

V. Der Wasserstandsnachrichtendienst.

Die Durchführung einer Hochwasservorausbestimmung wurde erst möglich mit der Entwicklung des Nachrichtenwesens. Heute stehen für die Nachrichtenübermittlung zur Verfügung:

1. Selbständige Wasserstandsfernmeldeanlagen,
2. Hochwasserfernsprechleitungen,
3. die staatlichen Fernsprechleitungen,
4. Botengänge für die letzten Verzweigungen,
5. der Rundfunk für die Bekanntgabe der Voraussagen.

Das Zusammenwirken dieser fünf Nachrichtenmittel sei gezeigt an dem Beispiel des vorbildlich ausgebauten Wasserstandsnachrichtendienstes an der österreichischen Donau[1].

Die Organisation der Nachrichtenwege an der oberösterreichischen und an der niederösterreichischen Donau zeigen Abb. 10 u. 11. Auf den ersten Blick scheint die Zahl der Nachrichtenwege groß, doch die Erfahrung hat gezeigt, daß Staatstelephon und -telegraph den Nachrichtendienst in den Stunden der Gefahr oft nicht laufend erledigen können und so die ganze Voraussage in Frage gestellt wird. Nur durch eine auch technisch ausreichende Organisation können alle beteiligten Orte die Meldungen an die Zentrale ohne Aufenthalt geben bzw. von der Zentrale erhalten und nur so können die vielen Rückfragen aus den gefährdeten Gebieten, die aus Erfahrung das Nachrichtenwesen oft überbelasten, vermieden werden.

Zu den einzelnen Nachrichtenmitteln ist folgendes zu sagen:

Die Wasserstandsfernmeldeanlagen[2] in Österreich geben an die zwei Zentralen Linz und Wien regelmäßig (z. B. alle zwei Stunden) die Wasserstände für die wichtigsten Pegel. Die Landesabteilungen sind damit in der Lage, sich ständig über sechs oberösterreichische und fünf niederösterreichische Pegelstände zu unterrichten. In den Meldepausen ist auf allen Leitungen gewöhnlicher telegraphischer Verkehr möglich. Mit der Einrichtung dieser Fernmeldeanlagen ist erreicht, daß Anschwellungen der Donauzubringer nicht mehr unbemerkt eintreten, was nach F. Rosenauer früher häufig vorkam; es kann jetzt rechtzeitig mit dem Nachrichtendienst eingegriffen werden.

Die Hochwasserfernsprechleitungen, das zweite Nachrichtenmittel, gestattet den beiden Landesabteilungen mit den einzelnen Orten ohne Vermittlung des Fernsprechamtes direkt zu verkehren. Diese direkte und regelmäßige Benachrichtigung der Postämter vermeidet die sonst auftretenden Rückfragen, die oft

---

[1] Rosenauer, F.: Einiges über die Entwicklung des Hochwassernachrichtendienstes an der Donau und ihren Nebenflüssen. Wasserwirtsch. 1930, Heft 36.

[2] Siedek, R.: Wasserstands-Fernmelde-Apparat, System Siedek-Schäffler. Öst. Mschr. öffentl. Baudienst 1899, Heft 12.

der Anlaß zu starker Verzögerung in der Übermittlung der Voraussageunterlagen waren und so den ganzen Nachrichtendienst gefährdeten. Heute können die ober-

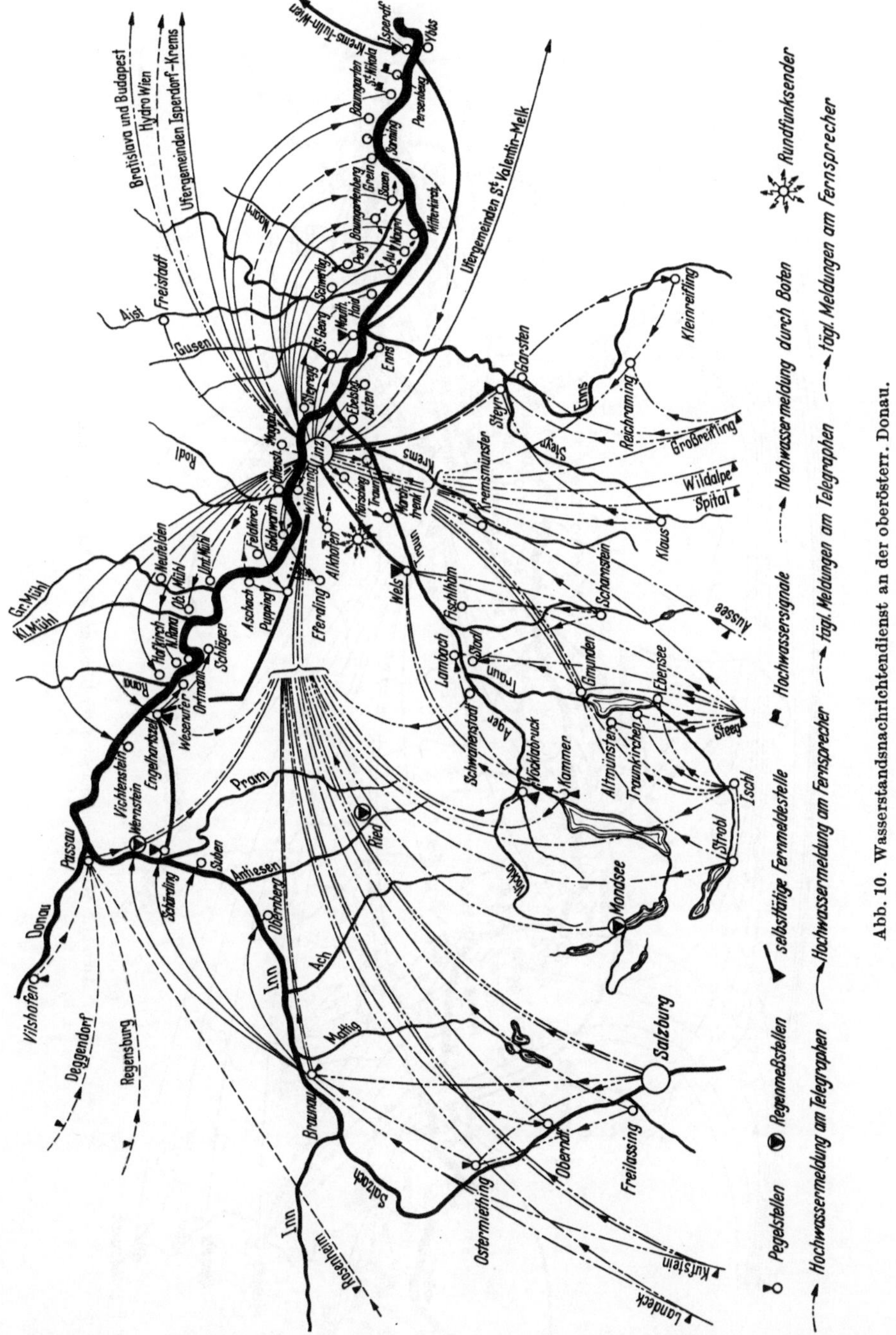

österreichischen Donauorte mit diesen Anlagen innerhalb 20 Minuten benachrichtigt werden, was einen großen Fortschritt und Erfolg darstellt. Auch diese Fernsprechleitungen werden in der freien Zeit für den normalen Fernsprechverkehr verwendet, so daß sie voll ausgenutzt sind. Gebiete, die von der Fernsprechanlage

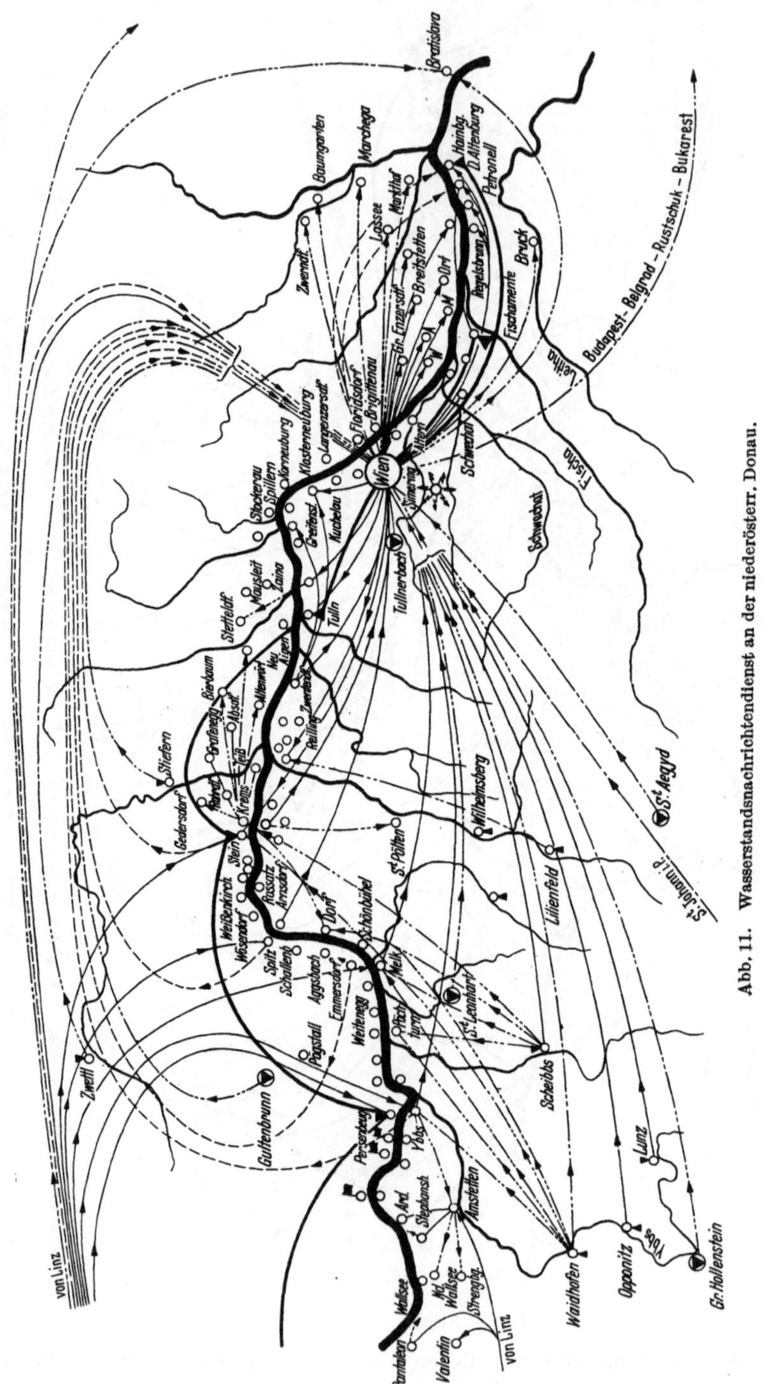

Abb. 11.   Wasserstandsnachrichtendienst an der niederösterr. Donau.

nicht erfaßt sind, erhalten und geben die Nachrichten auf den Staatstelegraph. Die letzte Verzweigung in weniger dicht besiedelten Gebieten geschieht mittels Boten.

Der Rundfunk wird heute zur Verbreitung der Voraussageergebnisse herangezogen und es wäre anzustreben, daß diese rascheste Nachrichtenübermittlung bei Hochwassergefahr automatisch die Bekanntgabe der zu erwartenden Wasserstände zu bestimmten Tageszeiten übernimmt.

Die in Abb. 10 u. 11 dargestellte, aus der Praxis entwickelte Nachrichtenorganisation in Österreich zeigt, daß ein eigenes Netz von Fernmeldeanlagen und Hochwasserfernsprechleitungen für eine erfolgreiche Durchführung eines Wasserstandsnachrichtendienstes unerläßlich ist. Die damit erzielten Erfolge beweisen aber, daß Einrichtungen wie die beschriebene den zu stellenden Anforderungen vollkommen gerecht werden.

Zweiter Abschnitt.

Das vorzuschlagende Verfahren.

Vorbemerkung.

Nach der Darlegung des heutigen Standes der Hochwasservoraussage in den bisherigen Ausführungen soll nun nachfolgend versucht werden, ein allgemeingültiges, möglichst genaues Verfahren zu entwickeln. Durch erschöpfende Betrachtung der Verhältnisse bei Bildung und Abfluß eines Hochwassers sollen die beim Aufbau einer zuverlässigen Voraussage wichtigsten mitwirkenden Umstände ermittelt und geeignete, diesen Umständen Rechnung tragende Methoden entwickelt werden. Wie sich zeigen wird, ergeben sich verhältnismäßig viele für eine zuverlässige Voraussage zu berücksichtigende Einflüsse, die das daraus entstehende Verfahren in seiner allgemeinsten Form umfangreich machen, obwohl für jeden Einzelfall versucht wurde, die einfachste Lösung zu finden. Es wurde aber dieser Weg, möglichst alle Einflüsse zu erkennen, konsequent weiter verfolgt, um die tatsächlichen Verhältnisse in allen Teilen einmal aufzuzeigen. Im Einzelfall wirken nie alle diese Einflüsse an einem Fluß zusammen, das Verfahren vereinfacht sich. Für den Ausbau und die Verbesserung von Vorhersagen ist es jedoch wichtig, den Weg zu kennen der einzuschlagen ist, und zunächst alle Einflüsse zu kennen die zu prüfen sind.

Die klarste Erforschung der Abflußverhältnisse und der durchsichtigste Aufbau eines nicht mehr ganz einfachen Verfahrens ist, wie sich im Laufe der Arbeit zeigte, am besten über die Wassermengen möglich und es wurde deshalb die ganze Betrachtung zunächst auf die Wassermengen aufgebaut. Da zu Beginn der Aufnahme einer Vorhersage an einem Flußsystem meist die Unterlagen für eine Vorhersage mittels Wassermengen noch fehlen (weshalb auch bisher Wassermengenvoraussagen oft aufgegeben und als ungeeignet angesehen wurden), mußte die auf Wasserstände aufgebaute Vorhersage ebenfalls untersucht werden. Dabei ergab sich das interessante Ergebnis, daß weder die ausschließliche Voraussage aus Wassermengen, noch die Voraussage allein aus Wasserständen zu bevorzugen ist, sondern daß die Vorhersage an einem Flußsystem am besten allmählich entwickelt wird, und zwar so, daß sie zu Beginn des Aufbaues der Vorhersage von den

2*

Wasserständen ausgeht und dann ganz allmählich auf die Wassermengen übergeht unter gleichzeitiger Steigerung der Vorhersagegenauigkeit, um schließlich für besondere Fälle zur Voraussage aus Niederschlägen ausgebaut zu werden.

Das ausführliche auf Wassermengen aufgebaute Verfahren, an Hand dessen die Abflußverhältnisse vom Niederschlag ab untersucht werden, sei nachfolgend als „allgemeines Verfahren" oder einfach als das Verfahren bezeichnet.

I. Allgemeines über das Verfahren und die notwendigen Vorarbeiten.

Zur Abgrenzung des einzuschlagenden Weges sei vorausgeschickt, daß es praktisch nicht möglich ist, Wasserstände eines Flusses als Funktion der Zeit mit Hilfe von allgemeinen Formeln vorauszubestimmen, da die Anwendung solcher Formeln die Wahl von Koeffizienten für die vielen verschiedenen Einflüsse, welche den Hochwasserabfluß regeln, notwendig machen würde. Aus Koeffizienten aufgebaute allgemeine Formeln sind nur brauchbar für die ungefähre Bestimmung der voraussichtlichen Höchst-, Nieder- und evtl. Mittelwassermengen, die in einem Flußsystem erwartet werden können, ohne nähere Angaben über die Abflußzeit.

Statt Formeln wird deshalb ein Verfahren entwickelt, das die Voraussage von Hochwässern ermöglicht ohne die Notwendigkeit der Wahl auch nur eines Koeffizienten bei Durchführung der Vorausbestimmung, um die mit der Verwendung von Koeffizienten immer verbundenen Nachteile auszuschalten. Der Grundgedanke des „allgemeinen Verfahrens", an Hand dessen gleichzeitig die Abflußverhältnisse betrachtet werden sollen, ist der, daß für die einzelnen Flußstrecken und Einzugsgebiete eines Flußsystems die sog. charakteristischen Größen bestimmt werden aus vorhandenen Hochwasseraufzeichnungen und aus durchzuführenden Messungen an abfließenden Hochwassern. Dabei wird besonders darauf geachtet, daß die notwendigen Messungen an den Hochwassern einfache sind, damit nicht am Kosten und Zeitaufwand die praktische Brauchbarkeit des allgemeinen Verfahrens scheitert. Die charakteristischen Größen enthalten all die verschiedenen Einflüsse, welche den Hochwasserabfluß regeln und gelten nur jeweils für die Flußstrecke, für welche sie ermittelt wurden. Sind diese Grundgrößen bekannt, so ist es möglich, den Verlauf des Wasserabflusses für jedes Hochwasser vorherzubestimmen und zwar für eine um so größere Zeitspanne als man flußabwärts geht.

Die charakteristischen Größen sind außer für die Vorherbestimmung auch wertvoll für die Beurteilung der einzelnen Flußstrecken. Die Grundgrößen behalten ihre Gültigkeit, so lange nicht durch stärkere Veränderungen im Flußlauf oder durch einschneidende bauliche Maßnahmen die Fließbedingungen einer Strecke geändert werden.

Für den allgemeinsten Fall, die Vorhersage aus den Niederschlägen, werden zwei Grundgrößen eingeführt, welche die Abflußverhältnisse ausdrücken, und zwar:

1. Grundgröße: Die Fließzeit Δt der Wassermenge w bzw. des Wasserstandes h für die einzelne Flußteilstrecke n: $= \boldsymbol{\Delta t_n^w}$ bzw. $\boldsymbol{\Delta t_n^h}$.

2. Grundgröße: Die aus dem einzelnen Einzugsgebiet i abfließende Wassermenge q als Funktion der Zeit t und der Regenintensität s: $= \boldsymbol{q_i^s}$.

Diese zwei Grundgrößen sind im allgemeinsten Fall für jede Teilstrecke *n* bzw. jedes Einzugsgebiet *i* des Flußsystems zu bestimmen. Zu diesem Zweck ist vorher der Flußlauf in die einzelnen **Teilstrecken** „*n*" und das Flußgebiet in die **Einzugsgebiete** „*i*" zu unterteilen.

Beide charakteristische Größen, die Fließzeit und der Regenwasserabfluß, sind — wie sich später zeigt — keine festen Werte, sondern Funktionen. Sie werden deshalb als Kurven ermittelt und in einem Diagramm dargestellt. Für die Genauigkeit der Vorherbestimmung genügt es, die gesuchte Funktion als Kurve zu kennen; es ist nicht notwendig, sie mathematisch in einer Gleichung ausdrücken zu können.

Die Wassermengenkurve einer bestimmten Pegelstelle wird nun erhalten als Summe der Einzelwassermengen der Einzugsgebiete, die oberhalb dieses sog. „Bestimmungsquerschnittes" liegen. Die Einzelwassermengen sind bei gegebener Regenhöhe und Regendauer bekannt aus der Grundgröße Nr. 2 und die durchzuführende zeitlich richtige Addition der Einzelwassermengen ist möglich mit Grundgröße Nr. 1. Statt der Ermittlung der Einzelwassermengen aus der gegebenen Regenhöhe und Regendauer mit Grundgröße Nr. 2 können die Einzelwassermengen auch direkt aus den Pegelständen am Auslaufprofil der einzelnen Einzugsgebiete festgestellt und zur Voraussage verwendet werden. Bei Anwendung dieses vereinfachten Verfahrens ist es nicht notwendig zur Durchführung der Voraussage die Grundgröße Nr. 2 zu kennen. Diese vereinfachte Art kann meistens verwendet werden.

Zusammengefaßt besteht die zu leistende **Vorarbeit** für das allgemeine Verfahren der Vorausbestimmung aus den Niederschlägen über die Wassermengen somit in folgendem:

1. Zweckmäßige Unterteilung des Flußlaufes in einzelne Teilabschnitte *n*, innerhalb denen die Fließbedingungen annähernd konstant sind.

2. Ermittlung der Fließzeiten $\varDelta t$ für die Teilstrecken *n* als Funktion der Wassermengen *w*.

3. Einteilung des Stromgebietes in die einzelnen Einzugsgebiete *i*.

4. Ermittlung des Regenabflusses *q* aus den einzelnen Einzugsgebieten *i* bei gegebener Regenintensität und Regendauer, als Funktion der Zeit.

In dieser Reihenfolge werden die weiteren Betrachtungen durchgeführt.

II. Unterteilung des Flußlaufes in die Teilabschnitte *n*.

Für die Fließzeitbestimmung ist der Flußlauf in einzelne Abschnitte *n* von der Länge l_n zu unterteilen. Die Einteilung ist so zu treffen, daß die Wassermenge und die Fließbedingung innerhalb eines Abschnittes annähernd konstant bleibt. Die Fließbedingungen sind das Gefälle und die Größe sowie Form der Flußquerschnitte. Daraus ergeben sich die Gesichtspunkte für die Unterteilung des Flußlaufes. Alle Einmündungsstellen mittlerer und größerer Zuflüsse und alle Punkte des Flußlaufes, in denen sich für eine längere Strecke das charakteristische Gefälle oder die Form und Größe der Querschnitte ändert, sind Punkte, in denen der Fluß in Abschnitte geteilt wird. Weiter wird man an allen wichtigeren Pegelprofilen mit bekannter Schlüsselkurve den Fluß unterteilen. Die, nur aus den Pegelstellen und Einmündungen sich ergebenden Abschnitte werden als **Pegelstrecken** *k* bezeichnet. Da diese Pegelstrecken im allgemeinen noch nicht Strecken gleicher

Fließbedingungen sind, und da für genaue Voraussagen die Fließzeiten jeweils nur für Flußstrecken mit gleichbleibenden Fließbedingungen gebildet werden sollen, damit die Bezugspunkte möglichst wenig streuen, werden die Pegelstrecken nochmals in Teilstrecken n mit gleichen Fließbedingungen innerhalb der einzelnen Teilstrecke geteilt. Die Teilstrecken n lassen sich finden entweder aus dem Längenprofil und den Querschnitten des Flusses oder besser mit Hilfe einer Schwimmermessung, wie in Abschnitt III B d ausgeführt. Die Schwimmermessung kann dann gleichzeitig auch für die Bestimmung der Grundgröße 1 ausgewertet werden. Die nach Abschnitt IV vorzunehmende Aufteilung des gesamten Flußgebietes in einzelne Einzugsgebiete ist auch hier schon zu beachten. Alle den Flußlauf in Teilstrecken unterteilende Profile werden nachfolgend kurz Teilprofile genannt.

III. Ermittlung der Fließzeit Δt für die Teilstrecke n als Funktion der Wassermenge w $(=\Delta t_n^w)$ bzw. als Funktion des Wasserstandes h $(=\Delta t_n^h)$.

A. Betrachtung des Abflusses einer Hochwasserwelle.

Die Fortschreitungsgeschwindigkeit der Hochwasserwelle ist bekanntlich nicht gleich der mittleren Profilgeschwindigkeit; im allgemeinen ist sie größer als die mittlere Profilgeschwindigkeit. Anschaulich betrachten läßt sich der Wasserabfluß, wenn man einen z. B. 1 m breiten Längsstreifen des Flußlaufes herausschneidet (Abb. 15).

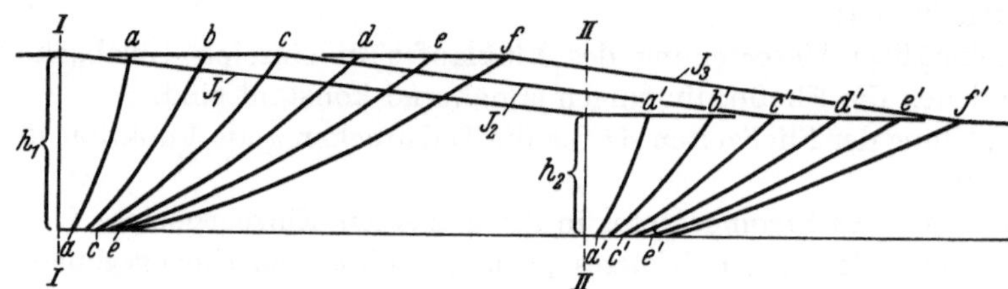

Abb. 15.   Der Wasserabfluß infolge „Vorauseilen".

Die zur Zeit t_1 im Querschnitt I vorhandene Querschnittsfläche h_1 und im Querschnitt II vorhandene Querschnittsfläche h_2 wandert entsprechend dem Geschwindigkeitsdiagramm in der Zeit Δt nach a—a bzw. a'—a', in der Zeit $2 \cdot \Delta t$ nach b—b bzw. b'—b' usw. Aus dieser Darstellung ist ersichtlich, daß die Hochwasserfortschreitung ungefähr gleich ist der Wassergeschwindigkeit im oberen Teil des Querschnittes und (bei der dargestellten und meist vorhandenen Geschwindigkeitsverteilung) größer ist als die mittlere Profilgeschwindigkeit. Daraus erklärt sich das bekannte Vorauseilen der Hochwasserwelle gegen die mittlere Profilgeschwindigkeit. Hat die Geschwindigkeitsverteilung eine solche Form, daß die mittlere Profilgeschwindigkeit größer ist als die Wassergeschwindigkeit in den oberen Schichten, so schreitet das Hochwasser mit der „mittleren" Profilgeschwindigkeit fort; dieser Fall kann vorkommen bei sehr ungleichen Wassertiefen innerhalb eines Querschnittes. Die Darstellung Abb. 15 zeigt weiter, daß bei der hier zugrundegelegten und meist zutreffenden Geschwindigkeitsverteilung (d. i. Zunahme der Geschwindigkeit mit höherem Wasserstand) eine zu Tal gehende Anschwellung ihr talseitiges Gefälle allmählich erhöht ($J_1 < J_2 < J_3$), d. h. die Anlauflänge der Welle sich verkürzt und der Scheitel der Welle innerhalb der Welle nach vorne wandert. Der abfallende Wellenteil wird dabei verflacht und verlängert. Es wird also neben dem „Vorauseilen" auch die „Form der Welle" auf ihrem Talweg verändert.

Anwendung auf die Fließzeitbestimmung für das allgemeine Verfahren (Wassermengenverfahren): Da in ein und demselben Durchflußprofil für verschiedene Wasserstände die mittleren Profilgeschwindigkeiten und die Oberflächengeschwindigkeiten verschieden groß sind, ist die Fließzeit Δt kein konstanter Wert, sondern eine Funktion des Wasserstandes. Diese Eigenschaften des Hochwasserabflusses ergeben die Gesichtspunkte für die Bestimmung der Fließzeiten. Vorher ist nun noch der Begriff Fließzeit festzulegen: Definiert wird die für das Mengenverfahren hier eingeführte Fließzeit Δt_n^w als die Zeit, „welche bei fallendem oder steigendem Wasser verstreicht, bis eine bestimmte Durchflußmenge, die durch das Einlaufprofil in die Pegelstrecke eintritt, sich auch am Auslaufprofil eingestellt hat." Besonders hingewiesen sei, daß die hier eingeführte Fließzeit im allgemeinen nicht mit der Fließzeit für die sog. gleichwertigen Wasserstände (siehe Rheinvorhersage) identisch ist; sie ist es nur, wenn in einer Flußstrecke die gleichwertigen Wasserstände auch Stände gleicher Mengen sind, also für die Strecken, die für die abfließende Menge keine Änderung bringen, was jedoch meistens nicht der Fall ist. Dieser Unterschied in den beiden Fließzeiten ist grundlegend. Es hat sich die hier eingeführte Fließzeit im Laufe der Bearbeitung für die Mengenvoraussage als am besten und eindeutigsten erwiesen; sie läßt eine exakte Bestimmung und Anwendung zu, wie sich zeigen·wird.

Die auf Wasserstände aufgebauten Fließzeiten Δt_n^h für das reine Wasserstandsverfahren werden gesondert betrachtet (Abschn. III F) und zunächst nur das reine Wassermengenverfahren weiterverfolgt.

Für die Ableitung der Bestimmung der Δt_n^w-Einzelwerte sei zunächst unterschieden zwischen Flußstrecken, innerhalb denen bei Hochwasser ein Teil der Wassermenge ausufert und als Stauwasser zurückgehalten wird und solchen Strecken, innerhalb denen eine Rückhaltung von Wassermengen bei Hochwasser nicht stattfindet, also zwischen Retentionsstrecken und retentionsfreien Strecken. Die weiteren Ausführungen zeigen dann, daß bei Durchführung der Voraussage diese Unterteilung nicht mehr notwendig ist.

B. Ermittlung der Δt_n^w für retentionsfreie Flußstrecken.

a) Übersicht. Da nicht an jedem Teilprofil der Teilstrecken n ein Pegel stehen kann, sind die Wasserstands- und Wassermengenlinien für die Teilprofile im allgemeinen nicht vorhanden. Es können deshalb die Δt-Einzelwerte nicht aus diesen Ganglinien ermittelt werden, die Ermittlung muß auf andere Weise geschehen.

Der Fließzeitwert für eine bestimmte Wassermenge ist von verschiedenen Einflüssen abhängig. Es sind dies: die Profilgröße und Profilform, das Gefälle, die Rauigkeit der Wandungen, die Geschiebeführung, die Krümmungsverhältnisse usw. Versuche, diese Einflüsse durch Koeffizienten für die Hochwasservoraussage zu erfassen, liefern, wie schon erwähnt, zu ungenaue Werte und zwar hauptsächlich wegen der notwendigen Wahl von Koeffizienten in der praktischen Durchführung. Um diese Schwierigkeit zu umgehen, soll die Fließzeit für die einzelne Teilstrecke n ohne Koeffizient aus einer direkten Messung bestimmt werden. Diese Messung muß möglichst einfach durchzuführen sein und alle vorgenannten Einflüsse enthalten. Als solche Meßart wurde die Oberflächenschwimmermessung gewählt; die Schwimmergeschwindigkeit enthält alle Einflüsse und liefert gute Fließzeitwerte, sobald noch das Verhältnis „a" der Schwimmergeschwindigkeit zur Fließgeschwindigkeit bekannt ist.

Um auch diese Größe „a" ermitteln zu können ohne sie aus Tabellen unsicher entnehmen zu müssen, wird noch der Zwischenwert t_k^w, d. i. die Fließzeit für die Pegelstrecke k und Wassermengen w eingeführt. Es stellt die Pegelstrecke k „die Summe der Teilstrecken n, die zwischen zwei Pegelprofilen liegen" dar. Die Fließzeit der Pegelstrecke ist somit auch eine „Summe der gesuchten Einzelfließzeiten". Erhalten wird der t_k^w-Einzelwert ohne Messung aus vorhandenen Pegelkurven früherer Hochwasser und aus den Schlüsselkurven der Pegelprofile wie weiter unten ausgeführt.

Die Einführung dieser t_k^w-Fließzeit als Zwischenwert, der nochmals unterteilt wird, ist zweckmäßig, weil im allgemeinen die vorhandenen älteren Pegel hydrographisch ungünstig und in solch großen Abständen an unseren Flüssen aufgestellt sind, daß eine Pegelstrecke meist mehrere Teilstrecken verschiedener Fließbedingungen enthält. Zur Erreichung einer guten Vorhersage ist es aber notwendig, die einzelnen Fließzeitfunktionen nur über Flußlängen mit möglichst gleichbleibenden Fließbedingungen zu erstrecken.

Die Ermittlung der Δt_n^w-Funktion für das Mengenverfahren gestaltet sich in großen Zügen somit wie folgt: Nach der Einteilung des Flußsystems in Teilstrecken n bestimmt man für jede Pegelstrecke k und möglichst verschiedene Wassermengen w aus Hochwasseraufzeichnungen die t_k^w-Einzelwerte und trägt diese in das t_k^w-Diagramm ein; daraus erhält man die t_k^w-Funktion. Nach der Durchführung von Schwimmermessungen an ablaufenden Hochwassern und der Errechnung von a lassen sich dann die gesuchten Δt_n^w-Funktionen der Teilstrecken ermitteln. Zur Erhöhung der Genauigkeit werden die Δt_n^w-Werte nach Ablauf weiterer Hochwasser kontrolliert und verbessert, am besten durch den Vergleich der vorhergesagten Wasserstände mit den tatsächlich eingetretenen Wasserständen.

b) Bestimmung des Zwischenwertes t_k^w für die Pegelstrecke k. Zur Ermittlung der t_k^w sind gegeben die Pegelstandslinien des Ein- und Auslaufprofils der einzelnen Pegelstrecke aus früheren Hochwasserabflüssen mit den dazugehörigen Schlüsselkurven. (Die Schlüsselkurve und deren Aufstellung wird wegen ihrer Wichtigkeit für alle Mengenverfahren noch besonders untersucht.) Aus diesen Unterlagen ermittelt man die Wassermengenlinien des Ein- und Auslaufprofils der Pegelstrecke und zeichnet diese in bezug auf die Zeit richtig in e i n Diagramm ein (Abb. 16).

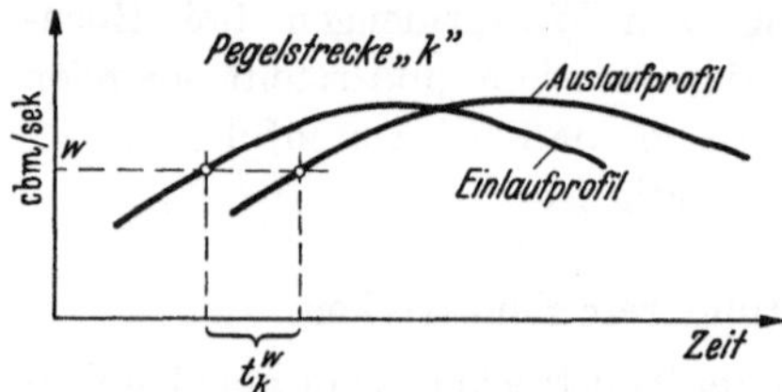

Abb. 16. Bestimmung des t_k^w-Wertes.

Unter der Annahme, daß für eine bestimmte Wassermenge die Fließzeit t_k^w immer gleich groß bleibt, so lange nicht durch größere Änderungen am Fluß die Fließbedingungen andere werden, erhält man die Fließzeit t der Pegelstrecke k

für die Wassermenge w als Entfernung der Schnittpunkte der zwei Wassermengenlinien mit der Parallelen zur Zeitabszisse im Abstand w von dieser. Ermittelt man sich auf diesem Wege für einige möglichst verschiedene Wassermengen der Pegelstrecke k die t_k^w-Werte und trägt diese in ein Diagramm ein, so liefern diese Punkte die gesuchte t_k^w-Kurve.

Außer durch bauliche Maßnahmen können nur infolge von stärkeren Geschiebeumlagerungen bei Hochwassern besonders im Oberlauf von Gebirgsflüssen die Fließbedingungen sich ändern; auf die Fließzeit haben diese Änderungen für Hochwasserstände meist wenig Einfluß (siehe Ausführungen über die Rheinvorhersage). Außerdem wird in Abschnitt III E d auch die Berücksichtigung kleiner, zunächst noch unbekannter Änderungen gezeigt.

Müssen zur Bestimmung der Fließzeiten ältere Hochwasseraufzeichnungen von Flußstrecken verwendet werden, die sich inzwischen durch stärkere Eintiefung oder Hebung der Flußsohle umgeformt haben, so sind vor der Verwendung die sog. vergleichbaren Wasserstände zu ermitteln. Es geschieht dies durch Bestimmung des sog. „Umformungsmaßes", wofür es eine Reihe von Verfahren gibt, auf die hier nicht weiter eingegangen werden soll [1].

c) Durchführung und Auswertung der Schwimmermessung zur Bestimmung der $\varDelta t_n^w$. Nachdem die Schwimmermessung für die Ermittlung eine so wichtige Rolle spielt, soll zunächst zur praktischen Durchführung der Messung einiges gesagt werden. Durchgeführt wird die Schwimmermessung immer auf die Länge von einer oder mehreren Pegelstrecken. Eingeworfen werden die Schwimmer am besten von einer Brücke aus in den Stromstrich des Flusses oberhalb dem Pegelprofil, von dem weg die Messung beginnen soll. Man wird zweckmäßig immer mehrere Schwimmkörper in bestimmten Zeitabständen kurz nacheinander einwerfen, da die Möglichkeit besteht, daß einer der Schwimmer auf seinem Talweg irgendwo hängenbleibt oder verloren geht. Als Schwimmkörper verwendet man am besten flache Holzscheiben mit verschiedenfarbigen Signalfähnchen und einer senkrecht ins Wasser tauchenden Fläche, die verhindert, daß der Schwimmkörper durch den Wind beeinflußt wird. Bei Durchführung der Messung steht an jedem Pegelprofil und an jedem Flußprofil, das die Pegelstrecken in die Teilstrecke unterteilt (Teilprofil), ein Beobachter, der die Zeit des Durchgangs der Schwimmer feststellt. An Pegelprofilen muß beim Durchfluß der Schwimmer gleichzeitig der Pegelstand abgelesen werden. Die Schwimmermessung wird bei mehreren, möglichst verschiedenen Wassermengen wiederholt, um mehrere möglichst weit auseinanderliegende Punkte für das $\varDelta t_n^{w\prime}$-Diagramm zu erhalten. Es können alle für die Herstellung des Diagramms gebrauchten $\varDelta t'$-Einzelwerte während des Ablaufs eines einzigen größeren Hochwassers ermittelt werden, was sehr für diese Methode spricht [2].

Bei Auswertung der Messung bestimmt man zuerst die Schwimmer-Fließzeiten der einzelnen Teilstrecken $= \varDelta t_n^{w\prime}$ und dann ermittelt man mit Hilfe der Pegelaufschreibungen und der Schlüsselkurve die dazugehörigen Wassermengen. Alle evtl. vorhandenen $\varDelta t_n^{w\prime}$-Werte aus der gleichen Messung von mehreren Schwimmern werden zu einem Mittelwert zusammengefaßt. Nun addiert man die Schwimmer-

---

[1] Näheres siehe Schaffernak: Hydrographie, Wien 1935, S. 273ff.

[2] Alle Werte aus der Schwimmermessung werden mit ′ bezeichnet.

fließzeiten aller in einer Pegelstrecke zusammengefaßten Teilstrecken einer bestimmten Wassermenge aus einer Messung und erhält:

$$\Sigma \Delta t_n^{w'} = t_k^{w'} .$$

Aus dem nach Absatz B b ermittelten t_k^w-Diagramm ist das t_k^w der Wassermenge bekannt, für welches der $t_k^{w'}$-Wert ermittelt ist. Die tatsächlichen Fließzeiten für die einzelnen Teilstrecken und für eine bestimmte Wassermenge ergeben sich dann wie folgt:

$$\Delta t_n^w = a \cdot \Delta t_n^{w'} = \frac{t_k^w}{t_k^{w'}} \cdot \Delta t_n^{w'} .$$

Dabei bedeuten:

t_k^w = tatsächliche Fließzeit der Wassermenge w für die Pegelstrecke k, aus dem t_k^w-Diagramm;

$t_k^{w'}$ = die Summe der einzelnen Schwimmerfließzeiten $\Delta t_k^{w'}$ für alle Teilstrecken n der Pegelstrecke k und Wassermenge $w = \Sigma \Delta t_n^{w'}$;

$\Delta t_n^{w'}$ = Schwimmerfließzeit für die Teilstrecke n der Pegelstrecke k und Wassermengen w, aus der Schwimmermessung bekannt.

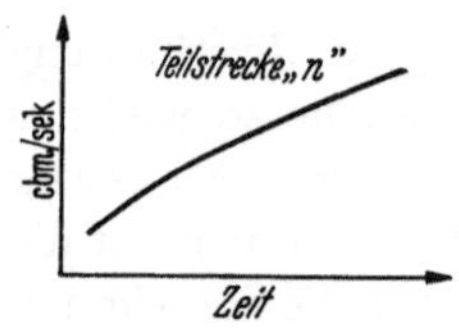

Abb. 17. Δt_n^w-Diagramm.

Die so ermittelten Δt_n^w einer Teilstrecke für möglichst verschiedene Wassermengen werden in das Δt_n^w-Diagramm eingetragen und dienen zur Auftragung der gesuchten Kurve, die alle Fließzeiten der Teilstrecke n als Funktion der Wassermenge w darstellt (Abb. 17).

Bei Abschätzung der Genauigkeit der so gefundenen Δt_n^w-Werte läßt sich gegen das angeführte Verfahren einwenden, daß das Verhältnis der aus Hochwasseraufschreibungen gefundenen Fließzeit t_k^w einer Pegelstrecke zu der Schwimmerfließzeit $t_k^{w'}$ nicht auch für alle Einzelstrecken dieser Pegelstrecke genau gleich sein muß. Bei der praktischen Anwendung der Voraussage für ein längeres Flußgebiet sind jedoch geringe Ungenauigkeiten in den Einzelstrecken einer Pegelstrecke ohne Bedeutung, wenn, wie im vorliegenden Falle, die Ungenauigkeiten sich nicht addieren sondern innerhalb jeder Pegelstrecke wieder ausgleichen.

d) Benutzung der Schwimmermessung zur Ermittlung der Teilstrecken _n_. Die Schwimmermessung kann außer zur Bestimmung der Fließzeit auch verwendet werden zur Bestimmung der Flußabschnitte, innerhalb denen die Fließbedingungen ungefähr gleich sind, d. h. man kann mit Hilfe der Schwimmermessung die Pegelstrecke k in die einzelnen Teilstrecken n einteilen oder vorhandene Teilungen nachprüfen. Zu diesem Zwecke bestimmt man die Schwimmerfließzeiten nicht für eine schon festgelegte Teilung des Flußlaufes, sondern für verhältnismäßig kleine und gleichgroße Teilabschnitte von z. B. einem Kilometer Länge. Faßt man dann alle aneinanderstoßenden Abschnitte mit gleicher Fließzeit zusammen, so erhält man die Teilstrecken n mit gleichen Fließbedingungen innerhalb der einzelnen Strecke. Es ist diese Möglichkeit der Bestimmung der Teilstrecken durch direkte Messung wertvoll. Die Schwimmermessung kann so für zwei verschiedene Zwecke ausgenützt werden.

C. Ermittlung der Δt_n^w für Retentionsflußstrecken.

a) Übersicht. Die Retentionswirkung entsteht dadurch, daß in Retentionsstrecken nicht alles durch das Einlaufprofil der Pegelstrecke zufließende Wasser bei steigendem Wasser am Auslauf der Pegelstrecke wieder abfließt. Ein Teil des zufließenden Wassers wird innerhalb der Pegelstrecke zurückgehalten, so lange das Wasser steigt und erst mit fallendem Wasserstand wieder abgegeben. Die Folge ist, daß für die stromabwärts gelegenen Flußstrecken die Spitze des Hochwassers abgemindert und der Hochwasserverlauf ausgeglichener wird. Diese Wirkung aus der Retention auf den Hochwasserverlauf ist in vielen Fällen so stark, daß sie nicht vernachlässigt werden kann.

Die Bestimmung der $\varDelta t_n^w$ für Retentionsstrecken kann sich von der Bestimmung für retentionsfreie Strecken nur in der Bestimmung des Zwischenwertes t_k^w unterscheiden, da die zweite Bestimmungsgröße, die $\varDelta t_n^{w'}$ aus der Schwimmermessung auch für Retentionsstrecken genau wie für retentionsfreie Strecken nur eine **Verhältniszahl der Fließzeiten** der einzelnen Teilstrecken einer Pegelstrecke darstellt. Der Weg zur Ermittlung der $\varDelta t_n^w$ für Retentionsflußstrecken bleibt also nach der noch zu betrachtenden Bestimmung der t_k^w-Werte der gleiche wie für retentionsfreie Strecken. Nach Einteilung des Flußsystems bestimmt man gemäß nachfolgendem Abschnitt C b die t_k^w-Fließzeiten unter Berücksichtigung der Retention. Sodann werden bei Ablauf eines Hochwassers genau wie früher Schwimmermessungen durchgeführt und nach Ermittlung der Schwimmerfließzeiten (Abschnitt B c) die $\varDelta t_n^w$ berechnet. Die Kontrolle und Verbesserung der $\varDelta t_n^w$-Werte ist ebenfalls die gleiche wie für retentionsfreie Strecken.

b) Betrachtung der Flußretention und Bestimmung der t_k^w-Diagramme aus vorhandenen Hochwasseraufzeichnungen für Retentionspegelstrecken. Bekannt seien für das Ein- und Auslaufprofil der Pegelstrecke die Pegelstandslinien früherer Hochwasser und die Schlüsselkurven. Ermittelt man daraus für die beiden Profile die Wassermengenlinien und anschließend die zwei Summenkurven in bekannter Weise, so lassen sich aus dem Vergleich beider Kurven die gesuchten Retentionsgrößen ermitteln. Um beide Summenkurven in ein Diagramm für den Vergleich eintragen zu können, muß vorher noch die Wassermenge w_k^o ermittelt werden, welche innerhalb der Pegelstrecke aufgespeichert ist z. B. bei dem Wasserstand, der zu Beginn der Summenkurven bestanden hat. Zur Vereinfachung der Berechnung der w_k^o-Wassermenge (aus einigen Querprofilen mit eingetragenem Wasserstande und später evtl. nach Abb. 19) wählt man als Anfang der Summenkurven zweckmäßig einen Wasserstand, der nicht ausufert. Entsprechend dem Sinn der Summenkurve sind nun die in ein Diagramm einzutragenden Summenkurven mit dem Anfangs-Ordinatenabstand von der Größe w_k^o aufzutragen. Anders ausgedrückt heißt dies, die zwei Summenkurven werden so übereinander aufgetragen, daß die Abszissen der beiden Summenkurven einen Abstand w_k^o besitzen (Abb. 18). Aus dieser Darstellung kann man entnehmen, daß in der Retentionsstrecke k z. B. zur Zeit t_1 die Wassermenge w_1, zur Zeit t_2 die Wassermenge w_2 usw. enthalten ist. Trägt man diese Differenzen w der Summenkurve des Zulaufes und des Ablaufes in ein eigenes Diagramm ein (Abb. 19) und zeichnet

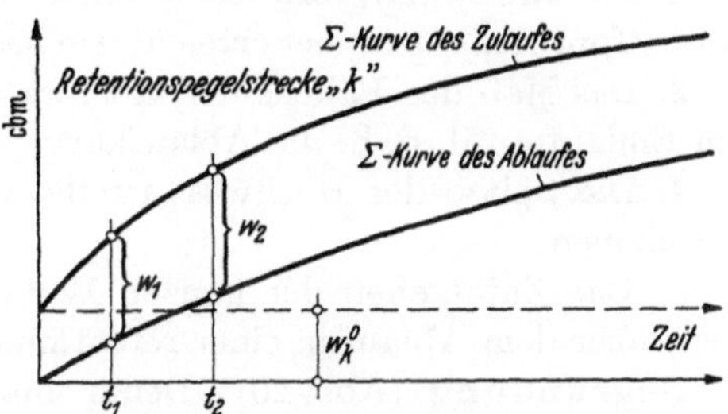

Abb. 18. Ermittlung der Retentionswassermengen w.

man in das gleiche Diagramm noch die Pegelstandslinien und Wassermengenlinien des Zulaufes und Ablaufes, so läßt sich aus dieser Darstellung die Wassermenge r entnehmen, welche die Retentionsstrecke k bei verschiedenen Wasserständen (und

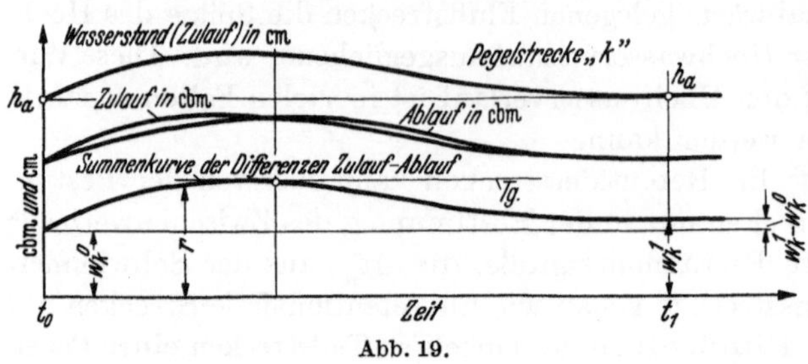

Abb. 19.

zwar entweder des Zulaufprofils oder des Ablaufprofils) jeweils aufgespeichert enthält. (In Abb. 19 sind die Wasserstände des Zulaufprofils eingetragen.)

Denkt man sich eine Hochwasserwelle, die durch das Zulaufprofil in eine längere (mit zunehmendem Wasserstand sich verbreiternde) Retentionsstrecke eintritt und so verläuft, daß vom Beginn des Steigens des Hochwassers bis zur Spitze die Wassermenge gleichmäßig ansteigt, um nach Erreichung der Spitze in gleichem Maß wie beim Steigen wieder konstant abzufallen, so zeigt sich die Hochwasserwelle infolge der Retentionswirkung (allein) am Auslaufprofil in folgender geänderter Form (Abb. 20):

1. Das Maß des Steigens der Hochwasserwelle ist am Auslaufprofil geringer als es am Einlaufprofil war, d. h. die Anlaufkurve des Auslaufprofils verläuft flacher als am Einlaufprofil.

2. Die am Zulaufprofil festgestellte Hochwasserspitze wird mengenmäßig am Auslaufprofil nicht immer erreicht, sie kann kleiner sein (Fall 1 und 2).

3. Das Maß des Fallens der Hochwasserwelle ist am Auslaufprofil größer als am Einlaufprofil, d. h. die Ablaufkurve verläuft steiler.

4. Die Spitze der Hochwasserwelle wird innerhalb der Welle stromaufwärts verschoben.

5. Das Zutalgehen der ganzen Welle wird infolge der Retention verzögert gegenüber dem Ablauf in einer retentionsfreien Strecke.

Begründung (Abb. 20): Denkt man sich eine Wassermenge, die in der Zeit t_1 von w_1 cbm/sek gleichmäßig auf w_2 cbm/sek ansteigt, um dann mit w_2

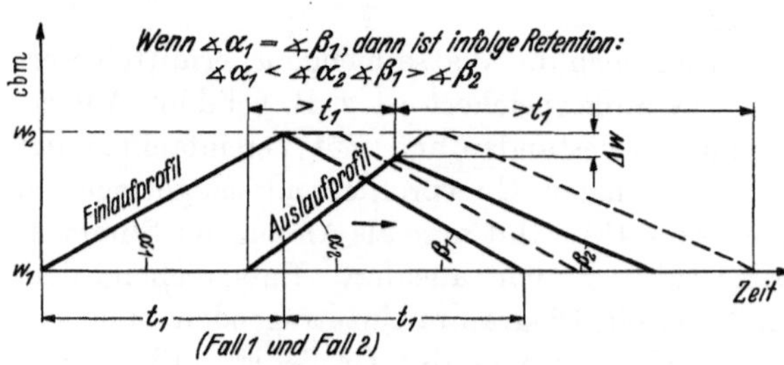

Abb. 20. Der Wasserabfluß infolge „Retention".

cbm/sek dauernd weiterzufließen, und läßt man diese Wassermenge durch das Einlaufprofil in eine längere Retentionsstrecke eintreten, so gibt der durch die Rententionsstrecke sich schiebende (stromabzeigende) Wasserkeil wegen der eintretenden Steigung des Wasserstandes auf der Strecke Wasser ab, das vorerst nicht wieder abfließt. Dies bewirkt eine Verzögerung im Fortschreiten der vorderen Begrenzung des Wasserkeiles, d. h. die Begrenzung geht zurück im Vergleich zu dem durch eine retentionsfreie Strecke abfließenden Wasserkeil (Nr. 5). Nachdem außerdem die Retentionswassermenge pro Einheit des Ansteigens des Wasserstandes bei zunehmendem Wasserstand bedeutend zunimmt, bedingt durch die Profilform, nimmt auch die Verzögerung im Fortschreiten des Wasserkeiles nach oben mit steigendem Wasserstande zu. Aus diesem Grunde hat eine Wasserwelle nach dem Durchlaufen einer Retentionsstrecke infolge der Retention am Auslaufprofil eine flachere Anlaufkurve als beim Eintritt in die Retentionsstelle, es ist $\sphericalangle \beta_1 > \sphericalangle \beta_2$ (Nr. 1). — In umgekehrtem Sinne wirkt die Retention für eine gleichmäßig dahinfließende Wasserschicht, die nach einiger Zeit um eine bestimmte Höhe keilförmig abnimmt, um dann mit der verminderten Menge weiterzufließen. Durchläuft dieser (stromaufzeigende) Wasserkeil das Einlaufprofil der Retentionsstrecke, so sinkt der Wasserspiegel gegen das Auslaufprofil fortschreitend allmählich ab, wodurch die bei steigendem Wasser angestauten Wassermengen in das abziehende Wasser zurückfließen und das Fortschreiten des abnehmenden Wasserkeiles verzögert wird (Nr. 5). Nachdem analog den Verhältnissen bei ansteigendem Wasserspiegel das zuströmende Stauwasser auch bei fallendem Wasser pro Einheit Spiegelabfall für höhere Wasserstände größer ist als für tiefere (bedingt durch die Talform), ist die Verzögerung des Abflusses des Wasserkeiles im oberen Teil größer als im unteren Teil. Das bewirkt, daß die Ablaufkurve einer Wasserwelle, die eine Retentionsstrecke durchflossen hat, am Auslaufprofil eine steilere Neigung besitzt als am Einlaufprofil, $\sphericalangle \alpha_1 < \sphericalangle \alpha_2$ (Punkt 3). Aus den gleichen Gründen erreicht eine Wasserwelle am Auslaufprofil dieselbe Größe in der Wassermengenspitze wie am Einlaufprofil nur dann, wenn der Maximalwert der Welle am Einlaufprofil eine solche zeitliche Länge besitzt, daß nach dem Auffüllen der ganzen Retentionsstrecke auf den Spitzenwasserstand die Spitze der Welle nicht aufgebraucht ist, Abb. 20, Fall 1 und 2 (Nr. 2). Diese Veränderung des ansteigenden und abfallenden Astes der Welle verursacht eine Verschiebung der Wasserspitze innerhalb der Welle stromaufwärts (Nr. 4).

Nebenbei sei dazu erwähnt, daß z. B. eine rasch steigende und fallende zeitlich kurze Welle nicht immer Zeit hat, das ganze Retentionsbecken aufzufüllen. Es ist deshalb das Maß der Verzögerung zweier gleichhoher Wellen bei steilem Anstieg und Abfall etwas kleiner als bei flachem Anstieg und Abfall. Für die Voraussage wird dies später noch behandelt. — Das Aufzehren der Wasserspitze (Fall 1 und 2), falls diese nicht eine genügende zeitliche Länge besitzt, ist die unter der Bezeichnung „Abflachen der Hochwasserwelle" bekannte Erscheinung. Bemerkt sei dazu, daß zur Abflachung der Welle neben der Retention auch die Versickerung von Wasser auf seinem Talwege beiträgt; Näheres darüber in Abschnitt VI.

Folgerung für die Voraussage: Bestimmt man entsprechend der Definition der hier eingeführten Fließzeit $\varDelta t_n^w$ die Zeit, welche verstreicht, bis eine bestimmte, am Einlaufprofil gerade vorhandene Wassermengengröße w auch durch das Auslaufprofil fließt, so enthält diese Zahl zugleich das Retentionsvermögen der Pegelstrecke, denn die Fließzeit für einen bestimmten Wasserstand und damit Wassermenge ist um so größer oder kleiner, je mehr oder weniger Wasser innerhalb der Strecke als Retentionswasser ab- oder zufließt. Die Fließzeit t_k^w drückt somit die Retention der Pegelstrecke schon aus, es ist für die Vorhersage nicht notwendig, das Retentionsvermögen der Strecke eigens zu bestimmen. Nachdem außerdem, wie schon gesagt, die Schwimmerfließzeit hier nur als Verhältniszahl Verwendung findet, folgt, daß der Weg zur Ermittlung der $\varDelta t_n^w$ für Retentionsflußstrecken der gleiche ist, wie für retentionsfreie Strecken und für die Vorhersage eine Unterscheidung in Flußstrecken mit und ohne Retention nicht notwendig ist. Dieses Ergebnis deckt sich mit der Erfahrung, daß jede Flußstrecke mehr oder weniger abmindernd auf den Hochwasserablauf wirkt; nur das Maß der Abminderung aus der Retention ist mit den Querprofilen verschieden.

Einen interessanten Einblick in die Abflußvorgänge im Fluß ergibt nun noch die Betrachtung über das Zusammenwirken von Vorauseilen und Retention: Überlagert man die Retentionswirkung mit dem früher erklärten Vorauseilen, so zeigt sich, daß die Form der Welle von beiden Erscheinungen entgegengesetzt beeinflußt wird. Die Retention verschiebt den Wellenscheitel nach hinten und das Vorauseilen nach vorne. Es erklärt sich daraus die Erscheinung, daß im Profil einer Rententionsstrecke während des Auffüllens des Hochwasserbeckens die Fortschreitungsgeschwindigkeit der Welle abnimmt und daß nach Überschreitung der Wasserstände mit den rasch zunehmenden Talweitungen bei weiterem insbeson-

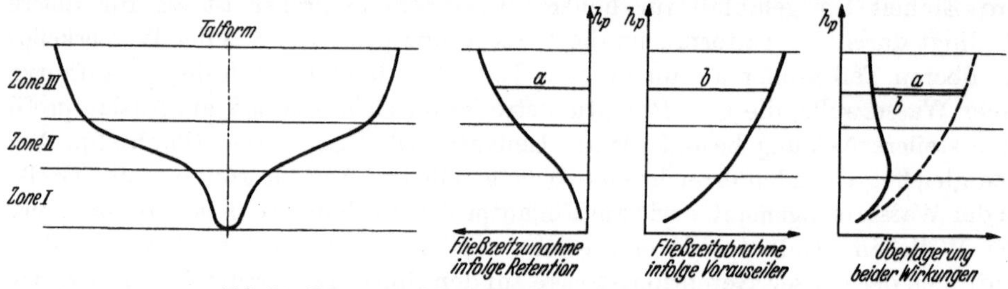

Abb. 21. Zusammenwirken von Vorauseilen und Retention.

dere langsamen Steigen die Fließgeschwindigkeit der Welle wieder beginnt zuzunehmen (s. die Form der Geschwindigkeitsverteilung am Rhein, Abb. 14). Dieses Zusammenwirken von Retention und Vorauseilen und die, für die verschiedenen Wasserhöhen sich daraus ergebenden Wassergeschwindigkeiten lassen sich anschaulich darstellen durch Überlagerung der zwei Diagramme für Retention und Vorauseilen (Abb. 21). In Zone I überwiegt das Vorauseilen, in Zone II überwiegt die Retentionswirkung und in Zone III lenkt das wieder zunehmende Vorauseilen die ungefähr gleichbleibende Retention langsam wieder ab.

D. Ableitung der „erweiterten Fließzeitbestimmung".

Die gezeigte Bestimmung der Fließzeit für die Teilstrecken n ermöglicht es, mittels einfach durchführbarer Messung und den vorhandenen Hochwasseraufschreibungen die Fließzeiten ohne Zuhilfenahme von Koeffizienten zuverlässig zu ermitteln. Die Genauigkeit der so bestimmten und für das allgemeine Verfahren wichtigen $\varDelta t_n^w$ läßt sich nur noch erhöhen durch Steigerung der Genauigkeit der verwendeten Schlüsselkurven. Mit Hilfe der sog. „Durchflußmengenschleife" wird deshalb nachfolgend eine „erweiterte Schlüsselkurve" entwickelt, die dann in ihrer Anwendung für die Bestimmung der $\varDelta t_n^w$ auch ein „erweitertes t_k^w- und $\varDelta t_n^w$-Diagramm" ergibt.

a) Die Durchflußmengenschleife eines Hochwassers. Bei Auswertung genauer Wassermengenmessungen zeigt sich, daß für den gleichen Wasserstand in einem

Profil die durchfließende Wassermenge etwas verschieden sein kann, je nachdem das Wasser im Steigen oder Fallen begriffen ist. Es ist bei steigendem Wasser die Durchflußmenge etwas größer als bei fallendem Wasserstand. Die etwas größere Durchflußwassermenge bei steigendem Wasser erklärt sich aus dem vorhandenen etwas größeren Spiegelgefälle, das der stromabzeigende Wasserkeil verursacht. Analog verhält es sich bei fallendem Wasser. Diese Gesetzmäßigkeit ergibt, graphisch als Funktion von Wasserstand und Wassermenge dargestellt, für eine Hochwasserwelle die bekannte sog. „Durchflußmengenschleife"(Abb. 22).

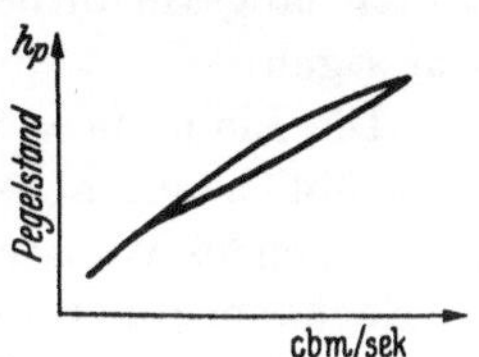

Abb. 22. Durchflußmengenschleife.

Die Durchflußschleife ist für verschiedene Hochwasserwellen und gleichen Höchstwasserstand verschieden ausgebaucht, je nach der Intensität des Fallens und Steigens der Welle (Abb. 23). Es gehört also zu einem bestimmten Höchstwasserstand nicht auch eine bestimmte gleichbleibende Durchflußmengenschleife und es sind für verschiedene Wasserstände die Durchflußmengenschleifen nicht ähnlich.

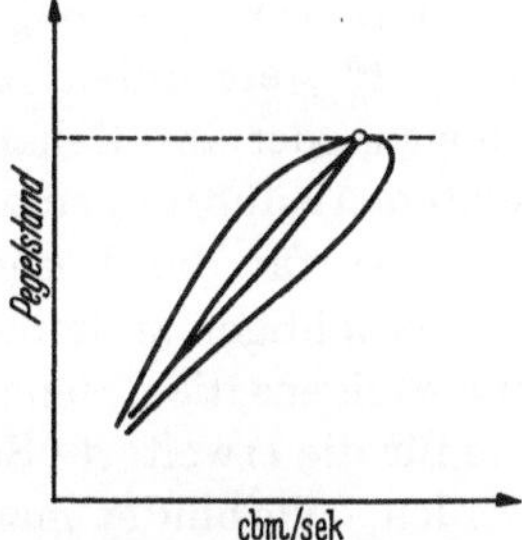

Abb. 23. Durchflußmengenschleifen von zwei verschiedenen Wellen mit gleichem Höchstwasserstand.

Sollen nun zur Erhöhung der Genauigkeit diese im allgemeinen kleinen, aber vorhandenen Unterschiede in der Größe der Durchflußmenge berücksichtigt werden bei Durchführung der Vorausbestimmung, so ist dies möglich durch Darstellung dieser Unterschiede in der neu einzuführenden „erweiterten Schlüsselkurve" und Arbeiten mit dieser Kurve.

b) Die erweiterte Schlüsselkurve. Trägt man die aus verschiedenen Hochwassern stammenden und für verschiedene Wasserstände durchgeführten Wassermessungen in ein Diagramm ein und zeichnet man dazu die Ausgleichslinie, so zeigt sich eine verhältnismäßig starke Streuung der Bezugspunkte. Diese Streuung ist, abgesehen von Meßungenauigkeiten, zurückzuführen auf das Fallen und

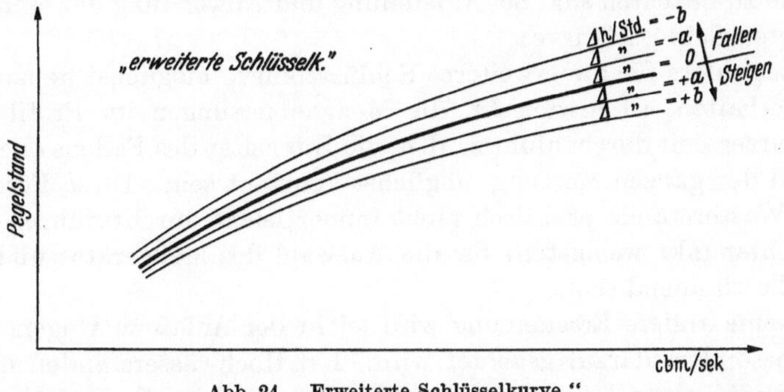

Abb. 24. „Erweiterte Schlüsselkurve."

Steigen des Wassers, wie die Durchflußmengenschleife beweist. Als Maßstab für die Erfassung dieser Streuung wird die „jeweilige Stärke $\varDelta h$ des Fallens und Steigens in cm pro Stunde" zur Zeit der Durchführung der Wassermessung (und zwar des an die durchgeführte Wassermessung nachfolgenden Teiles der Pegelstandslinie) eingeführt. Faßt man nun die „Punkte gleicher Δh" in einzelnen Kurven zusammen, so erhält man die sog. erweiterte Schlüsselkurve, die sich als ein langsam öffnendes Kurvenbüschel darstellt (Abb. 24). Es läßt sich davon sagen:

„Die Linie $\Delta h = 0$ stellt den Durchfluß für den Beharrungszustand und die sonst übliche einfache Schlüsselkurve dar; $\Delta h = +$ ergibt die Durchflußmengen für steigendes Wasser und $\Delta h = -$ für fallendes Wasser."

Nachdem die Intensität des Fallens und Steigens der Hochwasserwelle mit dem Zutalgehen der Welle allmählich abnimmt, ist die Anwendung der erweiterten Schlüsselkurve besonders für den Oberlauf von Flüssen wichtig und weniger notwendig für den unteren Teil eines Flußsystems. Im übrigen ist die Verwendung der erweiterten Schlüsselkurve sinngemäß die gleiche wie die der einfachen Kurve.

c) **Das erweiterte t_k^w und Δt_n^w Diagramm.** Bisher wurde bei Ermittlung der t_k^w und Δt_n^w stets unberücksichtigt gelassen, ob der Wasserspiegel sich im Fallen, Steigen oder im Beharrungszustand befindet. Etwas ist dies jedoch, wie die letzten Ausführungen zeigen, von Einfluß auch für die Fließzeiten t_k und Δt_n^w. Um dies für die Vorhersage in den auf Mengen aufgebauten Fließzeitkurven berücksichtigen zu können, wird auch hier als Maßstab für die Stärke des Fallens und Steigens die „Mengenzu- bzw. -abnahme pro Zeiteinheit" eingeführt, ähnlich wie für die erweiterte Schlüsselkurve die Wasserstandsänderungen berücksichtigt werden. Verbindet man nun im t_k^w- und Δt_n^w-Diagramm die Bezugspunkte unter Berücksichtigung der Mengenzu- bzw. -abnahme pro Zeiteinheit, so erhält man eine Schar von Kurven, die links und rechts neben der Kurve für die Mengenänderung $= 0$ verlaufen und das erweiterte t_k^w- bzw. Δt_n^w-Diagramm darstellen.

E. Fehlerquellen bei Aufstellung und Anwendung der Schlüsselkurve.

Alle auf Wassermengen aufgebauten Voraussagen ergaben bisher unbefriedigende Ergebnisse, weil nach meiner Ansicht die dafür verwendeten Schlüsselkurven zu ungenau waren. Nachfolgend seien deshalb noch einige Punkte besprochen, die zu beachten sind bei Aufstellung und Anwendung der einfachen und der erweiterten Schlüsselkurve:

a) Um besonders für die erweiterte Schlüsselkurve möglichst genaue Bezugspunkte zu erhalten, ist erwünscht, die Mengenmessungen im Profil innerhalb möglichst kurzer Zeit durchzuführen, d.h. die Intensität des Fallens oder Steigens soll während der ganzen Messung möglichst konstant sein. Diese Forderung ist für höhere Wasserstände praktisch nicht immer leicht durchzuführen, doch soll dieser Gesichtspunkt wenigstens für die Auswahl des Meßgerätes und der Einrichtungen bestimmend sein.

b) Noch eine andere Erscheinung wird leicht der Anlaß zu Ungenauigkeiten, falls nicht besonders darauf geachtet wird. Bei Hochwasserständen mit großen Fließgeschwindigkeiten bildet sich der Wasserspiegel im Querschnitt als konvexe Oberfläche aus. So stellt z.B. Crugnola am Tronto bei 100 m Spiegelbreite eine Erhebung des Wasserspiegels von 40 und 50 cm fest[1]. Koženy erklärt diese Tatsache überzeugend aus dem Abnehmen der Fließgeschwindigkeit vom Strom-

---

[1] Crugnola: Zur Dynamik des Flußbettes. Z. Gewässerkunde.

strich gegen die Ränder zu und errechnet unter der Annahme, daß die Rand-
geschwindigkeit $= 0$ ist, die Überhöhung $h = 0,051\ v_m^2$; das ergibt folgende Werte[1]:

Geschwindigkeit v_m im Stromstrich in m/sek	1,0	2,0	3,0	4,0	5,0
Überhöhung h in m . .	0,051	0,204	0,459	0,816	1,275

Für größere Fließgeschwindigkeiten wird man deshalb bei Bestimmung der Abflußmenge die Wasseroberfläche nicht als eine Waagrechte auf Höhe der Pegel-
ablesung in das Profil einzeichnen, sondern die gemessene Pegelhöhe nur an den
Rändern annehmen und zum Stromstrich hin ansteigend die Überhöhung mit
Hilfe vorstehender Tabelle oder aus direkter Messung eintragen. Dadurch wird
die Durchflußfläche und die daraus für die Schlüsselkurve bestimmte Abflußmenge bei höheren Wasserständen nicht unwesentlich vergrößert. Es ist die
Überhöhung bei fallendem Wasserstand etwas kleiner als bei steigendem Wasserstande, weil die Geschwindigkeitdifferenzen für fallendes Wasser nicht so groß
sind wie für steigendes Wasser.

c) In manchen Flußläufen kann die Verkrautung des Flußschlauches der
Anlaß für geringe Änderungen in der Durchflußmenge bei gleichen Wasserständen sein. Nachdem die
Stärke der Verkrautung
mit der Jahreszeit wech-
selt, ist es wohl am ein-
fachsten, den Fluß-
schlauch im Bereich des
Pegelprofils auf eine größere Länge von Pflan-
zenwuchs freizuhalten,
um so den (kleineren)
Wasserstand für unver-

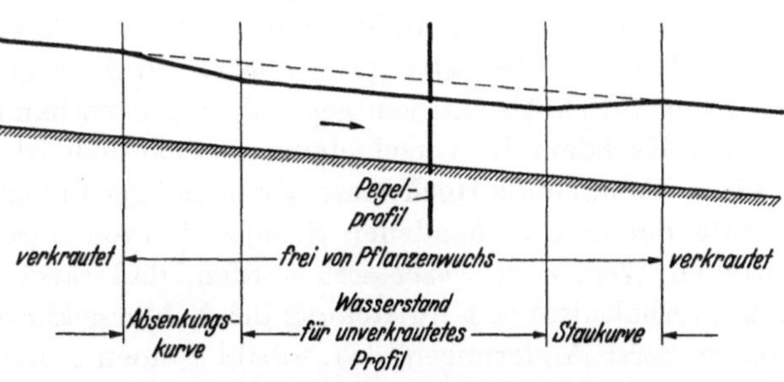

Abb. 25. Pegelaufstellung im verkrautetem Fluß.

krautetes Profil am Pegel zu erhalten. Es erübrigt sich dann für die Mengen-
bestimmung die Berücksichtigung der Verwachsung und es kann die aufgestellte
Schlüsselkurve für jede Jahreszeit ohne Korrektur verwendet werden (Abb. 25).

Daß die Verkrautung eine nicht zu vernachlässigende Größe in der Abflußmenge ausmachen kann, zeigen z. B.[2] Messungen des Eidgenössischen Amtes
für Wasserwirtschaft, das für den Ausfluß aus dem Bodensee Schwankungen
in der Abflußmenge durch Krautwuchs in Einzelmonaten bis $+15$ vH. und
-22 vH. festgestellt hat und in 20jährigem Mittel bis $+9$ vH. (Mai) und
-15 vH. (November) errechnet.

d) In geschiebeführenden Flüssen ändern sich öfter bei größeren Hochwassern die Durchflußmengen für gleiche Wasserstände. Verursacht wird diese
Änderung entweder durch Änderungen in der Form des Querprofils oder durch
Änderung des Gefälles am Pegelprofil. Die Form kann eine andere werden durch
Verlagerungen von Kiesbänken oder durch eine allgemeine Eintiefung oder Auf-
landung des Flußschlauches und das Gefälle an der Pegelstrecke kann sich ändern
infolge Durchbruch von Querschwellen im Fluß oder Auflandungen unterhalb der

---

[1] Koženy, J.: Die Wasserführung der Flüsse. Leipzig und Wien 1920.
[2] Zbl. Bauverw. 1927 S. 43.

Pegelstelle. Jede dieser Veränderungen im geschiebeführenden Fluß ändert auch die Schlüsselkurve des Pegels. Es ist das für Vorhersagen sehr unangenehm, da nicht nach jedem größeren Hochwasser die Schlüsselkurven durch Wassermengenmessungen kontrolliert und verbessert werden können. Nachfolgend wird deshalb ein Weg angegeben, um diese Änderungen ohne Wassermengenmessungen vor jeder Vorhersage feststellen und berücksichtigen zu können.

Das Studium der einzelnen Schlüsselkurven einer Pegelstelle nach verschiedenen Profiländerungen im Laufe der Jahre an oberbayerischen geschiebeführenden Flüssen[1] zeigt, daß vor und nach einer Änderung die Schlüsselkurven im Bereiche der Mittel- und Hochwasserstände in ihrer Form fast vollkommen gleichbleiben und nur parallel verschoben sind. Abweichungen in der Form zeigen sich nur im Bereiche des Niederwassers. Diese Tatsache gestattet in einfacher Weise die auftretenden Änderungen in der Vorhersage zu berücksichtigen. Vor Aufnahme der Vorhersage bestimmt man mittels Vorhersage aus den Wasserständen der vergangenen Tage die schon bekannten Wasserstände, und zwar an den Pegelstellen für welche vorausbestimmt werden soll und vergleicht diese ermittelten Wasserstände mit den zu dieser Zeit tatsächlich vorhandenen Ständen. Die an der einzelnen Pegelstelle sich ergebende Differenz „d" stellt nun die Summe der Änderungen seit der Aufstellung der Schlüsselkurven dar, oder anders ausgedrückt, d sind die Abweichungen der bei der Vorhersage gültigen, aber nicht bekannten genauen Schlüsselkurven gegenüber den vorhandenen ungenauen Schlüsselkurven. Nachdem die Verschiebung eine parallele ist, bleibt diese Differenz d für das ganze kommende Hochwasser genügend genau konstant; die Voraussage kann deshalb mit den vorhandenen Schlüsselkurven durchgeführt und mit dem ermittelten Wert d so verbessert werden, daß tatsächlich alle Änderungen der Ablaufverhältnisse seit Aufstellung der Schlüsselkurve berücksichtigt sind. Erst nach größeren Änderungen, d.h. sobald d einen größeren Wert annimmt, d. i. im allgemeinen nach sehr großen Hochwassern, wird man aus dem Vergleich des vorhergesagten und des tatsächlichen Pegeldiagrammes und aus neuen Flügelmessungen auch die Schlüsselkurven verbessern. Damit ist für die praktische Durchführung des Vorhersagedienstes an geschiebeführenden Flüssen die große Schwierigkeit, die öftere Änderung der Abflußverhältnisse am Pegelprofil und die damit verbundene zunächst unbekannte Änderung der Schlüsselkurve, beseitigt. Dieses Vorgehen ist auch für nichtgeschiebeführende Flüsse ein wertvolles Mittel zur einfachen Kontrolle und Korrektur der Vorhersageunterlagen zu Beginn jeder Vorhersage.

e) Die Ausführungen über die Aufstellung und Anwendung der Schlüsselkurve zeigen, daß eine große Zahl von verschiedenen Umständen hier zusammenwirkt und die Verhältnisse nicht so einfach liegen, wie es auf den ersten Blick scheinen möchte. Die gezeigten Einflüsse wirken nicht immer alle am einzelnen Pegelprofil mit und es brauchen nur jeweils die stärker auftretenden Einflüsse berücksichtigt zu werden; wichtig ist nur, daß man die möglichen Einflüsse kennt, um sie kontrollieren zu können. Zur Erlangung guter Voraussageunterlagen halte ich deshalb für sehr wichtig, daß das Verständnis für die Zusammenhänge und Einflüsse besonders bei den Organen gefördert wird, die am Fluß die Messungen

---

[1] An Material, das von der Landesstelle für Gewässerkunde, München, entgegenkommend zur Verfügung gestellt wurde.

durchzuführen haben, denn dadurch werden viele aus Unkenntnis entstehende mangelhafte Unterlagen verschwinden und die Schlüsselkurven besser werden.

F. Betrachtung über den Aufbau der Vorhersage auf Wassermengen oder Wasserstände und Ermittlung der Fließzeit als Funktion des Wasserstandes $= \Delta t_n^h$.

Der Aufbau der Vorhersage auf die Wassermengen erfordert das Vorhandensein der Schlüsselkurven für die einzelnen Pegelstellen. Nachdem die Schlüsselkurven für höhere Wasserstände oft nicht vorhanden sind und die Vervollständigung durch Hochwassermessungen teuer ist, muß der Vorausbestimmung aus den Wasserständen allein ohne Verwendung der Wassermengen der Vorzug gegeben werden, falls nicht andere Gründe dagegen sprechen. Zur Klärung dieser Frage wird nachfolgend die Vorausbestimmung mit den Wasserständen untersucht und es werden dabei folgende Fälle unterschieden: Beharrungszustand, fallendes und steigendes Wasser, Wellenscheitel und Wellental, retentionsfreie Strecken und Retentionsstrecken, sowie die Einmündung von Nebenflüssen. Um nicht, wie eingewendet werden könnte, durch die Zwischenschaltung der Wassermengen allein schon in die Voraussage unzulässige Ungenauigkeiten zu tragen, wurde die Aufstellung der Schlüsselkurve selbst besonders eingehend behandelt.

Der Grundgedanke der Voraussage aus Wasserständen allein ist, daß ein bestimmter Pegelstand am Oberstrompegel nach einer bestimmten Zeit einen bestimmten Wasserstand am Unterstrompegel erzeugt. Der Unterstromwasserstand ist dabei kein Stand gleicher Wassermenge zum Oberstrompegelstand, sondern enthält die Änderungen der Wassermenge beim Fließen vom einen zum anderen Pegel. Diese Änderung entsteht durch Vorauseilen, Retention, Versickerung und Verdunstung. Um klar zu sehen, werden zunächst diese Einflüsse für den Beharrungszustand, für Fallen und Steigen, sowie Wellental und Wellenscheitel näher untersucht und dann die Anwendung für die Voraussage kritisch beleuchtet.

Ist ein Beharrungszustand im Wasserablauf vorhanden, so wirkt Vorauseilen, Versickerung und Verdunstung, aber keine Retention, da für jeden Punkt des Tales das Wasser ausgeglichen ist und auf gleicher Höhe verharrt. (Als Beharrungszustand definiert M. v. Tein den Wasserstand, der mindestens drei Tage bei Schwankungen von höchstens 3 cm sich erhält[1].) Bestimmt man nun die Punkte an den einzelnen Pegeln aus dem Beharrungszustand, so erhält man die „gleichwertigen Wasserstände für den Beharrungszustand". Es seien diese Wasserstände nicht wie sonst nur als „gleichwertige Wasserstände" bezeichnet, da sie es, wie sich zeigen wird, nicht auch für Fallen und Steigen, Scheitel und Tal sind. Diese gleichwertigen Wasserstände werden für den Beharrungszustand immer dieselben bleiben und eignen sich für Voraussagen von wirklichen Beharrungszuständen.

Steigt und fällt das Wasser, so geht aus der Wassermengenschleife hervor, daß der vergleichbare Wasserstand zweier Pegel und die dazugehörige Fließzeit verschieden ist, je nachdem das Wasser steigt oder fällt. Es ist deshalb für eine genauere Voraussage aus Wasserständen noch einzuführen: „Vergleichbarer Was-

---

[1] Tein, M. v.: Die Anschwellung im Rhein, ihre Fortpflanzung im Strome nach Maß und Zeit unter Einwirkung der Nebenflüsse. Berlin 1897.

serstand für fallendes Wasser" und „Vergleichbarer Wasserstand für steigendes Wasser"; der vergleichbare Wasserstand für den Beharrungszustand liegt, wie die Überlegung zeigt, zwischen diesen beiden Werten. Von Einfluß für die vergleichbaren Wasserstände von fallendem und steigendem Wasser ist außerdem noch die Intensität des Fallens und Steigens, so daß erst bei gleichzeitiger Berücksichtigung dieser Intensität für Fallen und Steigen Fließstand- und Fließzeitbeziehungen ermittelt werden können, die für alle weiteren Hochwasser konstant bleiben; sie enthalten Vorauseilen, Retention, Versickerung und Verdunstung für die Flußstrecke, für welche sie ermittelt wurden.

Wellenscheitel und Wellental wird in „retentionsfreien Strecken" beeinflußt durch Vorauseilen, Versickerung und Verdunstung und ist seiner Größe nach ungefähr dem Werte aus dem wirklichen Beharrungszustande gleich, da die in beiden Fällen wirkenden Einflüsse in ihrer Stärke sich nur wenig unterscheiden können. Für „Retentionsstrecken" dagegen ist der Unterschied zwischen Wellental und Wellenscheitel einerseits und Beharrungszustand andererseits bedeutend größer. Es gibt bei Durchgang einer Welle nicht nur der steigende Ast Retentionswasser ab, sondern auch noch der Wellenscheitel, trotzdem bei Durchgang des Scheitels das Wasser im Stromstrich nicht mehr steigt, denn nur in den seltensten Fällen geht der Wasserstand in den seitlichen Überschwemmungsgebieten mit der Flutwelle so rasch hoch, daß der durchgehende Scheitel kein Retentionswasser mehr abgibt. Ähnlich erhält ein Wellental immer noch aus den Seiten zufließendes Wasser, trotzdem der Wasserspiegel nicht mehr fällt, da nur ausnahmsweise das Flußwasser so langsam gefallen ist, daß Stromstrich und Überflutungsgebiet gleiche Höhe haben bei Durchgang des Wellentales. Höhere Wasserstände werden in den meisten Fällen stark durch die Retention beeinflußt. Für genauere Voraussagen aus Hochwasserständen allein muß deshalb noch ein „Vergleichbarer Wasserstand für Wellenscheitel" und evtl. ein „Vergleichbarer Wasserstand für Wellentäler" eingeführt werden. Der erstere liegt seiner Größe nach zwischen Beharrungszustand und steigendem Wasser und der letztere zwischen Beharrungszustand und fallendem Wasser. Die dem Wellenscheitel und -tal vorausgegangene Intensität des Fallens und Steigens ist streng genommen ebenfalls noch etwas von Einfluß, doch soll dies vernachlässigt werden.

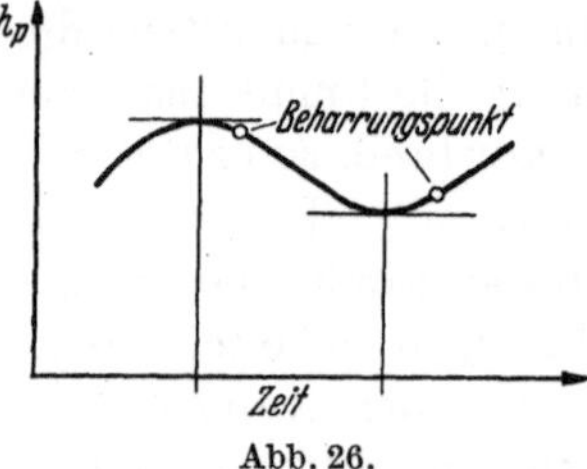

Abb. 26.

Der Vollständigkeit halber sei zu Wellenscheitel und Wellental noch angeführt: Der „wirkliche zugehörige Wasserstand am oberstromigen Pegel" zum „Wellenscheitel am unterstromigen Pegel" in einer Retentionsstrecke, der ähnlich wie in retentionsfreien Strecken dem wirklichen Beharrungszustande verhältnismäßig nahekommt und keine Retention enthält, liegt am oberstromigen Pegel etwas verschoben in den fallenden Teil der Hochwasserwelle und liegt für ein Wellental etwas verschoben in den steigenden Ast der Hochwasserwelle (Abb. 26). Es wird dieser Punkt des Oberstromprofils der Scheitelpunkt im Unterstromprofil. Es läßt sich sagen, daß dieser hier nicht weiter verwendete Beharrungspunkt für den Übergang vom Steigen ins Fallen um so mehr (am Oberstrompegel) in der Fließrichtung vom Extremwasserstand wegverschoben liegt, je größer die Fläche des Überflutungsgebietes, je intensiver das Wasser gestiegen bzw. gefallen und je länger die Pegelstrecke ist.

Aus den bisherigen Ausführungen soll nun die Voraussage mit Hilfe der Wasserstände allein abgeleitet und kritisch betrachtet werden: Grundsätzlich sei zunächst festgestellt, daß für den Ablauf eines Hochwassers (vorläufig noch ohne Nebenflüsse) eine genügend genaue Voraussage aus Wasserständen allein ohne Zweifel möglich ist, wenn die gleichwertigen Wasserstände getrennt für Beharrungszustand, fallendes und steigendes Wasser, sowie Wellental und Wellenscheitel ermittelt werden. Man legt diese Beziehungen in Form der sog. (bei der Rheinvorhersage beschriebenen) Bezugslinien und Zeitlinien fest. Für die Ermittlung der „gleichwertigen Wasserstände fallenden und steigenden Wassers" müssen aber in Ermangelung einer anderen Vergleichsmöglichkeit die an den Pegelstandslinien der zwei aufeinander folgenden Pegelstellen auftretenden und offensichtlich zusammengehörigen (etwas unsicheren) kleinen Knickpunkte und Unregelmäßigkeiten verwendet werden. Gute Dienste werden dabei die früher

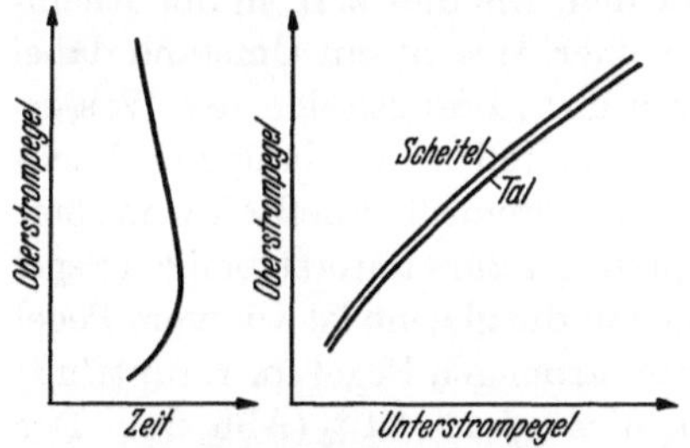

Abb. 27. Fließzeitdiagramm und Bezugslinie für Scheitel und Tal.

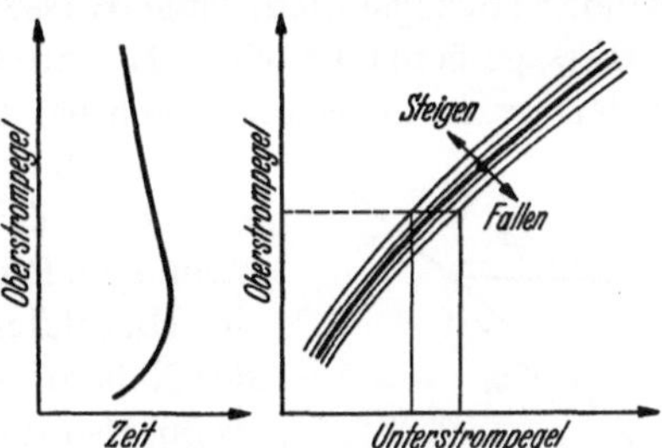

Abb. 28. Fließzeitdiagramm und Bezugslinie für Steigen und Fallen.

beschriebenen Wellenbilder leisten (Abschn. 1, IV b). Brauchbar sind dafür praktisch nur Pegelstandslinien von selbstschreibenden Pegeln. Beobachter-Pegelstandslinien werden im allgemeinen nicht verwendbar sein, da nur bei sehr dichter Beobachtungsfolge solch kleine Knickpunkte im steigenden und fallenden Ast der Wasserstandslinie sich zeigen. Für Wellenscheitel und -tal werden die Punkte mit horizontaler Tangente als Bezugspunkte für die Aufstellung der Bezugs- und Zeitlinien verwendet (Abb. 27 u. 28).

Vergleicht man mit den bisherigen Ausführungen über Voraussage aus Wasserständen nun z.B. die für den Rhein entwickelten Verfahren, welche ohne Verwendung der Wassermengen entweder aus der sog. primären Rheinwelle oder aus den Einzelbeobachtungen der Scheitelstände kleinerer und größerer Anschwellungen von Pegel zu Pegel die zusammengehörigen Wasserstände und die Fortpflanzungsgeschwindigkeit ermitteln und die so gefundenen Beziehungen auf die Voraussage weiterer Hochwässer anwenden, so zeigt sich die noch mögliche Verbesserung. Es läßt sich für alle reinen Wasserstandsvoraussageverfahren sagen, daß bei Ermittlung von vergleichbaren Wasserständen nur aus einem Fließzustand, also z.B. nur aus wirklichen Beharrungszuständen oder nur aus Scheitelständen, die damit ausgeführten Voraussagen ungenau sein müssen. Benützt man die aus wirklichen Beharrungszuständen ermittelten Werte, so stimmen die Voraussagen nur im Bereich der wirklichen Beharrungszustände. Nachdem sich die Voraussagen aber im allgemeinen immer auf die Änderungen

beziehen, folgt daraus, daß diese Methode die ungenauesten Voraussagen liefert.
Leitet man die Beziehungen aus den Wellenscheiteln ab, so ist dies schon besser;
die Voraussagen können jedoch auch hier nur für die Wellscheitel stimmen und
werden für den fallenden und steigenden Teil der Wasserstandslinie verhältnismäßig ungenau. Um neben dem Wasserstand auch eine zeitlich richtige Voraussage zu erhalten, ist außerdem notwendig (wie auch schon in dem Gutachten für
die Rheinvorhersage 1928 angeführt wird und wie die Durchflußmengenschleife
zeigt), daß eigene Zeitfolgelinien aufgestellt werden, da das Arbeiten mit einer
mittleren Fließzeit zu ungenau ist.

Besonders betrachtet für die Voraussage aus Wasserständen muß noch der
Zufluß an Mündungsstellen werden:

Die Einmündung von Nebenflüssen ändert die Form der Welle im Hauptfluß
oft stark, so daß die einwandfreie Erfassung dieser gegenseitigen Beeinflussung an
großen Mündungsstellen für die gute Voraussage wesentlich ist. Grundsätzlich
ist auch hier die Festlegung der gegenseitigen Beeinflussung mit den Wasserständen (Bezugslinien) ohne Wassermengen möglich, wie dies z.B. in der Rheinvorhersage gemacht wird. Es wird aber nach meiner Ansicht ein Umstand dabei
in der Praxis zu wenig beachtet: Das Verfahren der „Bezugslinien der Wasserstände" liefert für Mündungsstellen bei längeren Fließstrecken sehr ungenaue Werte, wenn die Fließzeit vom oberstromigen Pegel des Hauptflusses zum unterstromigen Pegel
des Hauptflusses nicht genau die gleiche ist wie vom Pegel
des Nebenflusses zum unterstromigen Pegel im Hauptfluß;
wenn also die Fließzeit t_a nicht gleich ist t_b (Abb. 29). Der
Wasserstand am unterstromigen Pegel im Hauptfluß ist in
diesem Falle gar nicht aus den Wasserständen gebildet,
die mit den Bezugslinien zueinander in Beziehung ge-

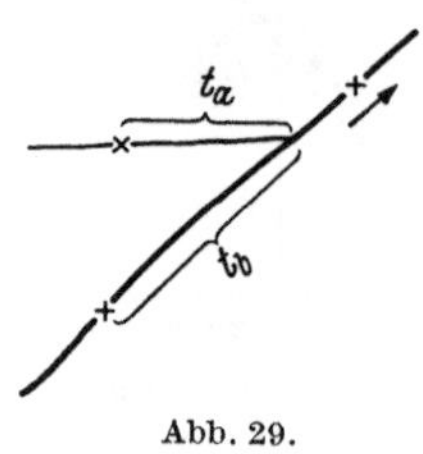

Abb. 29.

bracht sind, sondern aus den Wasserständen, die zu gleicher Zeit an der
Mündung sich treffen. Bestehende Pegel sind in den meisten Fällen nicht so
angeordnet, daß die Fließzeiten zur Mündungsstelle gleich groß sind. Außerdem ändern sich für die verschiedenen, besonders die hohen Wasserstände im
Haupt- und im Nebenfluß die Fließzeiten nicht so gleich, daß sie für alle
Wasserstände jeweils gleich bleiben; weiter sind die Fließzeiten auch je nach der
Form der Wellen etwas verschieden. Man kann deshalb sagen, daß „Bezugslinien von Mündungsstellen" immer recht ungenaue Werte
liefern, wenn vor der Addition der zwei Wasserstände dieselben
zeitlich nicht erst bis ganz an die Mündungsstelle heran verfolgt
werden, wenn also die Bezugslinien der Mündungsstellen noch
Fließzeiten enthalten. Diese Erkenntnis wird in dem hier vorzuschlagenden
Verfahren auch für die Wassermengen streng eingehalten[1]. — Wird trotzdem an Mündungsstellen mit Bezugslinien gearbeitet, die längere Fließzeiten,
evtl. sogar ungleich große Fließzeiten enthalten, so läßt sich sagen, daß die
vorausgesagten Werte am wenigsten im steigenden und fallenden Ast stimmen
und relativ am genauesten im Scheitel und Tal sind, weil mit Annäherung an
den Scheitel der Fließzustand immer mehr einem Beharrungszustand gleich
kommt oder anders ausgedrückt, eine Ungleichheit in der Fließzeit (von den

____
[1] Näheres Abschnitt VIII.

zwei Oberstrompegeln zum Mündungspegel) verursacht einen um so kleineren Fehler am vorausgesagten Mündungspegelstand, je geringer pro Zeiteinheit die Intensität des Fallens und Steigens ist. Ist die Ungleichheit groß, so werden zur Bildung der Hauptwelle in der Voraussage andere Wasserstände zusammengeführt als in der Natur zusammenfließen.

Auch die Addition der zwei Wasserläufe nach Ausschaltung der Fließzeit, ist nach meiner Ansicht mit Hilfe der Wasserstände (Bezugslinien) allein etwas ungenau. Betrachtet man z. B. die zwei Fälle, daß einmal das Wasser im Hauptfluß fällt und im Nebenfluß zur gleichen Zeit steigt und das anderemal das Wasser im Hauptfluß steigt und im Nebenfluß steigt und betrachtet man für beide Fälle gleiche Wasserstände am Oberstrompegel des Haupt- und Nebenflusses, so enthalten diese beiden oberstromigen Wasserstände in den zwei genannten Fällen trotz gleicher Höhe verschiedene Wassermengen, weshalb auch der aus diesen gleichen Wasserständen sich ergebende Stand am Unterstrompegel in beiden Fällen verschieden groß sein muß. Für eine genauere Voraussage ist deshalb wenigstens an den größeren Mündungsstellen des Flußsystems eine Wassermengenvoraussage unbedingt anzuraten. So schwierig und teuer ist die Aufstellung der Schlüsselkurve nicht, daß sie nicht wenigstens an den Mündungsstellen größerer Nebenflüsse, die das Wellenbild des Hauptflusses maßgebend beeinflussen, aufgestellt werden kann; es lohnt sich dies durch eine ohne Zweifel wesentliche Steigerung der Vorhersagegenauigkeit. Die Methode der Bezugslinien ist für größere Nebenflüsse ein sehr summarisches Verfahren, das höchstens für die kleinen Zuflüsse verwendet werden sollte.

Zusammenfassung: Ermittelt man sich die vergleichbaren Wasserstände für die verschiedenen Fälle (Fließzustände) und die dazugehörigen Fließzeiten, so ist für den Ablauf eines Hochwassers eine gute Voraussage aus den Wasserständen allein bei Berücksichtigung der bisherigen Ausführungen ohne Zweifel möglich. Ein Nachteil ist nur, daß die Aufstellung der Bezugslinien für steigendes und fallendes Wasser aus den kleinen zusammengehörigen Knickpunkten zweier Pegelstandslinien etwas unsicher und von nicht selbstschreibenden Pegeln praktisch unmöglich ist. Es fehlt eine eindeutige Vergleichsgröße, wie sie die Wassermenge darstellt. Denn der bisher meist verwendete „Vergleichbare Wasserstand" ist — wie sich zeigte — keine eindeutige Größe, da zu einem bestimmten Punkt der Wasserstandslinie am Oberpegel verschiedene Punkte am Unterstrompegel gehören. Dieser Nachteil läßt sich nur beseitigen durch Einführung der Wassermengen, da hier zu jedem beliebigen Punkt der oberstromigen Wassermengen-Ganglinie der gleichwertige Punkt in der unterstromigen Ganglinie eindeutig bekannt ist. Die Ausführungen über den Zufluß an Mündungsstellen zeigen weiterhin, daß auch an diesen Stellen die Wassermengen herangezogen werden sollten, evtl. mit Ausnahme der ersten Zeit des Aufbaues einer Vorhersage. Daraus ergibt sich nun ganz von selbst der Weg für die zweckmäßigste Entwicklung einer Voraussage an einem Fluß: Man beginnt mit der Voraussage aus den Wasserständen und geht allmählich, zuerst für die Mündungsstellen und dann für die übrigen Strecken, auf die Mitverwendung der Wassermengen über, unter gleichzeitiger Steigerung der Vorhersagegenauigkeit. Weiteres darüber s. Abschnitt VIII.

Berücksichtigung der Abflachung der Welle bei der Mengenvoraussage: Um bei der Voraussage mit Verwendung der Wassermengen die Abflachung des Scheitels und auch das Auffüllen des Wellentales voraussagen zu können, muß aus den verschiedenen Wellendurchgängen verflossener Hochwasser noch die Wassermengenabminderung bzw. Anreicherung in einer eigenen Tabelle oder Kurve festgestellt werden, da die Fließzeiten für fallendes und steigendes Wasser auf gleiche Wassermengen aufgebaut sind. Es erfordert die Mengenvoraussage hier eine Unterlage mehr als die Voraussage aus den Wasserständen, was eigentlich als ein Nachteil dieses Verfahrens angesehen werden kann. Nachdem jedoch das Vorhandensein der Schlüsselkurve für die ganze Mengenvoraussage schon Voraussetzung ist, bedeutet dieses weitere Diagramm keine wesentliche Erschwerung, ganz abgesehen von den wertvollen Aufschlüssen, die man daraus erhält.

G. Die Durchflußzeiten bei vereisten Flußschlauch.

Der Ablauf eines Hochwassers wird durch die Vereisung des Flußschlauches stark geändert gegenüber dem Ablauf im eisfreien Fluß. Die Änderung des Ablaufes ist bedingt durch die Änderung der Rauigkeit an den Flußwandungen und durch die Querschnittseinengung infolge der Eisdecke. Die genaue Erfassung dieser Umstände ist schwierig und umständlich, es werden deshalb in den einzelnen Ländern die verschiedensten Verfahren angewendet. Nach Schaffernak liefert die in Litauen gebräuchliche Methode befriedigende Ergebnisse und es soll deshalb dieses praktisch erprobte Verfahren für vereisten Flußschlauch hier übernommen werden[1].

Nach Schaffernak ist das Verfahren auf den Gedanken aufgebaut, daß die Abweichung der Durchflußmengenlinie vornehmlich auf die Erhöhung der Wandrauigkeit und erst in zweiter Linie auf die Querschnittsverminderung zurückzuführen ist. Ist die mittlere Fließgeschwindigkeit durch die Beziehung $\mu_m = \lambda \cdot R^{0,7} \cdot J^{0,5}$ gegeben, worin für flache Flüsse R durch h_m ersetzt werden kann, dann ist bei einer Flußbreite B die Sommerdurchflußmenge

$$Q' = (B \cdot h_m)\, \lambda_1 \cdot h_m^{0,7} \cdot J^{0,5} = B \cdot \lambda_1 \cdot h_m^{1,7} \cdot J^{0,5}.$$

Berücksichtigt man zunächst nur die Änderung der Rauigkeit und die Vergrößerung des benetzten Umfanges um die Breite der Eisdecke, welche gleich der Flußbreite ist, dann ändert sich die Durchflußmenge zu

$$Q'' = (B \cdot h_m) \cdot \lambda_2 \left(\frac{h_m}{2}\right)^{0,7} \cdot J^{0,5} = \left(\frac{1}{2}\right)^{0,7} \cdot B \cdot \lambda_2 \cdot h_m^{1,7} \cdot J^{0,5};$$

das Oberflächeneis von der Stärke s vermindert aber auch das Durchflußprofil und somit die mittlere Tiefe auf $h_m' = h_m - s$ und so ergibt sich die endgültige Winterdurchflußmenge mit

$$Q''' = (^1/_2)^{0,7} \cdot B \cdot \lambda_2 \,(h_m - s)^{1,7} \cdot J^{0,5};$$

das Verhältnis ε der Winter- zur Sommer-Durchflußmenge beträgt daher bei einem gleichbleibenden Wasserspiegelgefälle:

$$\varepsilon = \frac{Q'''}{Q'} = 0{,}62 \cdot \frac{\lambda_2}{\lambda_1}\left(1 - \frac{s}{h_m}\right)^{1,7};$$

---

[1] Kolupaila, St.: Die Berechnung der Winterabflußmengen; II. Baltische hydrologische und hydrometrische Konferenz Tallin 1928.

woraus ersichtlich ist, daß ε vornehmlich vom Verhältnis der die Rauigkeit charakterisierenden Beiwerte λ und in geringem Maße von s abhängig ist.

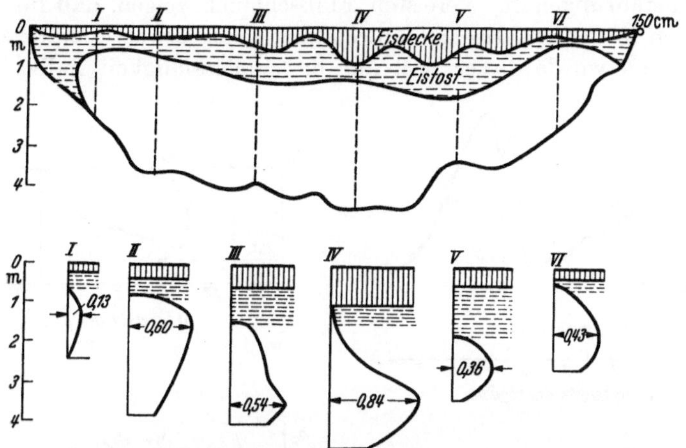

Abb. 30. Vereisung und Geschwindigkeitsverteilung im Querprofil Nemaniunai der Memel am 21. XII. 1927.

Eine Berechnung des Beiwertes ε mit Benützung mehrerer Mengenmessungen in dem in Abb. 30 dargestellten Querprofile an der Meßstelle Nemaniunai der Memel zeigt folgendes Ergebnis:

Die Bestimmung der Winterdurchflußmengen aus den Sommerdurchflußmengen wird in Abb. 31 gezeigt.

Der Verlauf von ε kann aus einigen wenigen Wintermessungen genügend genau festgelegt werden, wenn man folgendes berücksichtigt: Während des Zufrierens wird ε rasch vom Wert 1 auf den Kleinstwert heruntergehen und dann wieder langsam mit der infolge der abschleifenden Wirkung des Wassers an der Eisdecke zunehmenden Glätte ansteigen, um beim Beginn des Eisabganges wieder schnell bis zur Größe 1 anzuwachsen.

Berechnung von ε für das Meßprofil Nemaniunai der Memel.

	Tag der Messung		
	21. 12. 1927	24. 1. 1928	8. 3. 1928
h_p in cm . . .	204	189	132
Q' in cm/sek .	530	488	345
F in m² . . .	492,8	456,7	377,1
μ_m in m/sek . .	0,298	0,528	0,683
B in m . . .	150	148	148
h_m in m . . .	3,28	3,09	2,52
s in m	0,44	0,42	0,45
s/h_m	0,134	0,137	0,177
$0{,}62\left(1-\dfrac{s}{h_m}\right)^{1,7}$	0,484	0,479	0,444
λ_2	11,30	22,8	40,3
λ_1	23,0	25,6	29,4
$\bar{\lambda}_2/\lambda_1$	0,49	0,89	1,37
$\underline{Q'''}$ in cmb/sek	125,4	208,5	209,5
ε	0,237	0,427	0,607

Z. B. Abb. 31: Beim Sommerdurchfluß erhält man für einen Punkt A_1 der Wasserstandsganglinie mit $\varepsilon = 1$ den Punkt A_2, hieraus den Punkt A_3 der Durchflußmengenlinie mit $Q = 168$ cbm/sek und zuletzt den Punkt A_4 der Durchflußmengenganglinie. Dagegen entspricht bei Berücksichtigung der Eisdecke dem gleichen Punkt A_1 der Punkt A_2' mit $\varepsilon = 0,3$, woraus für den gleichen Wasserstand $h_p = 143$ cm der Punkt A_3' folgt, der die verminderte Winter-Durchflußmenge $Q = 52$ cbm/sek und damit den Punkt A_4' der Winterdurchfluß-Mengen-Ganglinie liefert. Mit den nach diesem

Verfahren ermittelten reduzierten Wassermengen-Ganglinien wird genau so gearbeitet wie mit Sommermengen-Ganglinien und das Fließzeitdiagramm bestimmt.

Diese Ausführungen für vereisten Flußschlauch zeigen, daß für diesen Fall das Verfahren in der praktischen Anwendung schon etwas kompliziert und unsicher wird. Es wurde dieser Fall nur der Vollständigkeit halber behandelt,

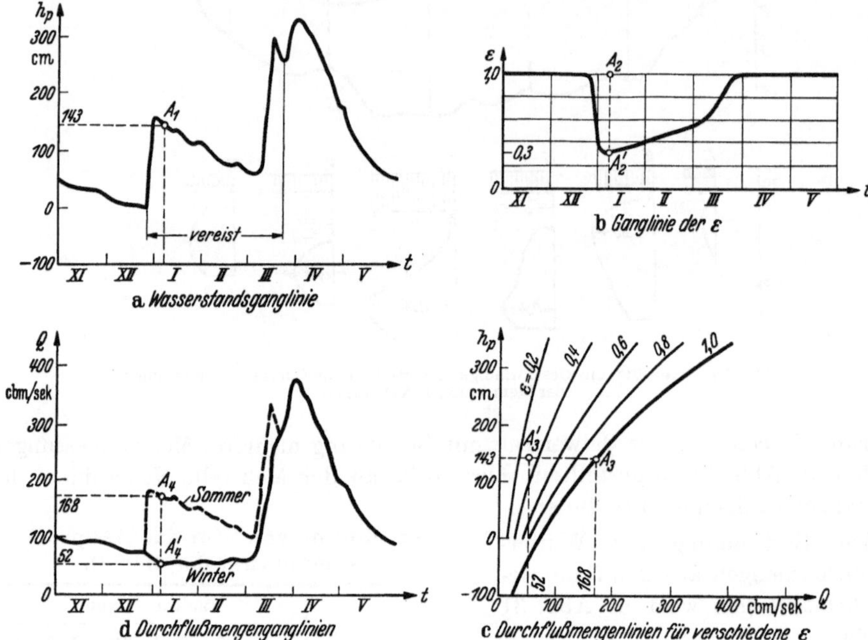

Abb. 31. Berechnung der Ganglinie der Winterdurchflußmenge nach St. Kolupaila.

praktisch ist er nicht häufig, denn es wird ein Hochwasser bei vereistem Fluß selten oder gar nicht auftreten. Erst bei eintretendem Eisgang ist die Bildung von Eisstauungen öfter der Anlaß zu bedeutenden Hochwassern. Und diese Art von Hochwasser ist die einzige, welche nicht vorausbestimmt werden kann und für die ein Verfahren versagt. Es ist unmöglich, die Bildung des Eisstoßes und den Ort der Eisversetzung vorauszusehen und es ist deshalb auch unmöglich, eine Voraussage dafür aufzubauen.

IV. Die Unterteilung des Stromgebietes in die Einzugsgebiete i für die Niederschlagsvoraussage.

Nach den Ausführungen über die Gesetzmäßigkeiten des Wasserabflusses im „Flußschlauch" in den vergangenen Abschnitten soll für den Aufbau der Voraussage aus den Niederschlägen nachfolgend der Wasserabfluß vom „Niederschlag bis in den Flußschlauch" samt den Grundwasserverhältnissen untersucht werden. Als Vorarbeit ist die Unterteilung des Stromgebietes in Einzelgebiete notwendig.

Für die Unterteilung eines Stromgebietes in die einzelnen Einzugsgebiete verfolgt man stromaufwärts das Flußsystem in die Verästelungen des Flusses hinein bis an die Mündungsstellen mit einer Mittelwasserführung von z. B. 5—10 cbm/sek. Diese Mündungsprofile betrachtet man als die sog. Einzugsprofile der Einzugsgebiete, die durch diesen Wasserlauf von 5—10 cbm/sek Mittelwasserführung entwässert werden und bestimmt die Begrenzungslinie von jedem dieser Einzugsgebiete. An allen Auslaufprofilen der Einzugsgebiete sind für die Niederschlagsvoraussage Pegel anzuordnen und die Schlüsselkurven zu ermitteln. Lange Flußstrecken mit größerem Einzugsgebiet und nur unbedeutenden Zuflüssen innerhalb der Strecke wie dies öfters im Mittel- und Unterlauf eines Flußsystems vorkommt, werden noch weiter unterteilt. Und zwar am besten an Stellen, an denen der Fluß schon für die Ermittlung der Fließzeiten unterteilt ist oder an denen durch die geologische Ausbildung des Flußtales eine Wasserscheide nahe an den Fluß herantritt. Die so entstandene Unterteilung des Flusses für die Einzugsgebiete ist weitmaschiger als die Einteilung für die Fließstrecken n, man wird aber jedes Teilprofil der Einzugsgebiete gleichzeitig auch als Teilung für die Teilabschnitte n verwenden.

Als anderer Gesichtspunkt für die Unterteilung des Stromgebietes kann gelten, daß das einzelne Teileinzugsgebiet eine Größe von nur etwa 3—5% besitzen soll von der Fläche des Gesamteinzugsgebietes, das überregnet sein muß damit Hochwasser auftritt. Dadurch wird erreicht, daß man das einzelne Einzugsgebiet bei Durchführung der Voraussage in den Grenzbezirken der überregneten Fläche als ganz oder als nicht überregnet annehmen kann, ohne die Genauigkeit der Voraussage zu sehr herabzusetzen; es ist dann nicht notwendig, mit Teilüberregnungen zu rechnen, was besonders wichtig ist bei Wanderregen. Da[1] der Niederschlag in seiner Dichte auch räumlich meist sehr ungleich ist, besonders im Hügelland und Gebirge, ist auch von diesem Gesichtspunkt aus eine möglichst weitgehende Unterteilung in Einzugsgebiete für die Genauigkeit wertvoll.

Einen Anhalt für die zu wählende durchschnittliche Größe der einzelnen Einzugsgebiete gibt auch nebenstehende Tabelle[2] über die mittlere Flächenausdehnung kurzer, starker Niederschläge:

Regendauer	Ergiebigkeit (Intensität) in mm pro Minute				
	0,72	0,84	0,96	1,08	1,20
Std.	Niederschlagsfläche in km²				
50′	54	42	31	22	15
60′	49	37	27	18	10
1^{h} 15′	42	30	20	11	4
1^{h} 30′	34	23	13	5	0

V. Ermittlung der Teilwassermenge q als Funktion der Zeit für das Einzugsgebiet $i = q_i$.

Die Betrachtungen werden zunächst wieder in allgemeinster Form auf Wassermengen aufgebaut durchgeführt; später zeigt sich dann, daß im einzelnen Fall meist Vereinfachungen möglich sind.

Die Teilwassermengen q der einzelnen Einzugsgebiete, aus denen sich der gesamte Wasserablauf zusammensetzt, besteht aus zwei Wassermengen, dem Trockenwetterabfluß q_i^{I} und dem Regenabfluß q_i^{II}.

a) **Der Trockenwetterabfluß** q_i^{I} ist die Wassermenge, welche vor Eintritt des Regens durch das Einzugsprofil des Einzugsgebietes geflossen ist bzw. vor Beginn der Vorhersage vorhanden war. Sie kann mengenmäßig aus dem Pegelstand zu Beginn des Regens und aus der Schlüsselkurve ermittelt werden. Die Summe der

---

[1] Nach Untersuchungen von Trabert: Meteorologie 1904, Leipzig.
[2] Aus J. Haeuser: Kurze und starke Regenfälle in Bayern ... München 1919, S. 51.

q_i^I aus allen Einzugsgebieten oberhalb des Querschnittes, für den jeweils vorhergesagt wird (Vorhersagequerschnitt), bildet die Gesamtwassermenge Q^I, die kurz vor Ankunft des Regenwasserabflusses im Vorhersagequerschnitt geflossen ist. Man könnte nun bei Vorausbestimmung des Hochwasserabflusses aus der Summe der Einzelwassermengen sich auf die Ermittlung der q_i^{II} beschränken, den Trockenwetterabfluß Q^I dagegen als ganzes aus dem Wasserstand im Bestimmungsprofil ermitteln und zum Regenabfluß addieren, ohne vorher die einzelnen q^I bestimmt zu haben. Man benötigt jedoch zur Ermittlung der Fließzeiten für die Summierung der einzelnen Regenabflüsse q_i^{II} auch die Teilsummen $q_i^I + q_i^{II}$, da die Fließzeiten eine Funktion der jeweiligen Gesamtwassermengen sind. Es wird deshalb die gesamte Durchflußmenge im Bestimmungsprofil als Summe der einzelnen Abflüsse aus Grundwasser + Regen bestimmt, wozu auch die einzelnen Grundwasserabflüsse q_i^I für jedes Einzugsgebiet aus Schlüsselkurve und Wasserstand zu ermitteln sind.

b) Der Regenwasserabfluß q_i^{II}, der durch das Einzugsprofil des Einzugsgebietes i abfließt, ist kein konstanter Wert, sondern eine Funktion der Zeit und ist außerdem abhängig von der Regenstärke und Regendauer. Das Ziel ist, bei gegebenem Regen den zeitlichen Verlauf des Regenabflusses bestimmen zu können. — Zur Messung des niederfallenden Regens muß in jedem Einzugsgebiet wenigstens ein

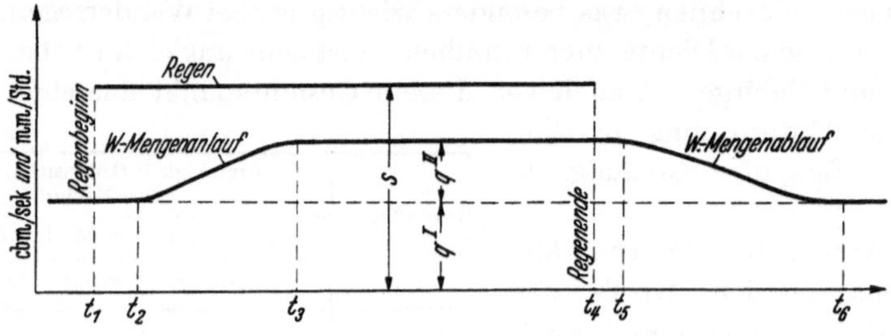

Abb. 32. Regen und zugehöriger Regenabfluß.

Regenmesser oder Regenschreiber aufgestellt werden; dabei ist wichtig, daß der einmal aufgestellte Regenmesser, mit dessen Hilfe zuerst die Regenabflußdiagramme des Einzugsgebietes ermittelt worden sind, in gleicher Höhe und unter sonst gleichen Verhältnissen (Bepflanzung usw.) stehenbleibt bei Verwendung für die Beschaffung der Voraussageunterlagen; denn es hat sich gezeigt, daß die Regenangaben, die man erhält, von zwei in verschiedener Höhe vom Boden oder an etwas verschiedenen Orten aufgestellten Regenmessern aus ein und demselben Regen stark voneinander abweichen können. Um einen Niederschlag erfassen zu können, genügt es wohl, Regenmesser alle 50—100 km² aufzustellen.

Der zeitliche und mengenmäßige Verlauf des Wasserabflusses am Einzugsprofil für einen bestimmten Regen wird vorausbestimmt mit Hilfe der hier einzuführenden sog. An- und Ablaufdiagramme der einzelnen Einzugsgebiete. Die darin dargestellten An- und Ablaufkurven erhält man auf Grund folgender Überlegung aus den Wassermengenlinien des Einzugsprofiles: Zeichnet man die (aus Wasserstandslinie und Schlüsselkurve erhaltene) Wassermengenlinie und die dazu gehörige gemittelte Kurve der Regenhöhe zeitlich richtig in ein Diagramm ein, so erhält man aus diesem Diagramm (Abb. 32):

1. Die gesuchte Verzögerung des Regenabflusses.

2. Das Abflußverhältnis der Regenmenge zur Niederschlagsmenge.

3. Die An- und Ablaufkurve für das Einzugsprofil.

Trennt man für den Vergleich der Niederschlags- mit der Abflußkurve die Grundwasserabflußmenge q^I (die aus dem Wasserstand vor Eintritt der Regenwelle bekannt ist), von der Regenwasserwelle q^{II} ab, so ist:

$t_1 - t_2 = $ Zeit der Verzögerung vom Beginn des Regens bis zum Beginn des Regenabflusses.

$t_2 - t_3 = $ Anlaufkurve der Abflußmenge für die Regenintensität s.

$t_1 - t_4 = $ Regendauer.

$t_5 - t_6 = $ Ablaufkurve der abfließenden Wassermenge nach der Regenintensität s.

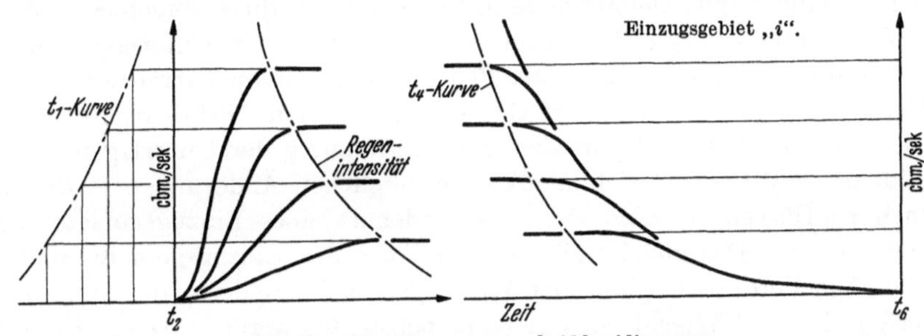

Abb. 33. Anlaufdiagramm und Ablaufdiagramm.

Die (in Abb. 32) dargestellte Wassermengenlinie bestimmt man nun für einige, möglichst verschiedene charakteristische Regen und legt das Ergebnis für jedes Einzugsgebiet in folgender Form fest (Abb. 33):

Die Form der Anlaufkurven ist hauptsächlich von der Form des Einzugsgebietes (im Grundriß und in den Neigungsverhältnissen) abhängig, wogegen die Ablaufkurven als Trockenwetterablauf alle auf einem Perabelast, der Trockenwetterauslauflinie liegen[1]. Mit Hilfe der dargestellten zwei Diagramme ist es nun möglich, den Regenabfluß aus dem Einzugsgebiet i für jede Regenintensität und jede Regendauer vorauszubestimmen. Damit ist die Größe und der zeitliche Verlauf von q^{II} als Funktion der Zeit bekannt.

Ändert sich die Intensität eines Regens stärker und für eine längere Zeit (Stunden), so kann auch dies mit Hilfe der Ab- und Anlaufdiagramme wie in Abb. 34 dargestellt, berücksichtigt werden. Kleinere Schwankungen im Niederschlag wird man für die Vorausbestimmung außer acht lassen und Mittelwerte größerer Zeitabschnitte zugrunde legen. Man kann dies ohne Bedenken machen, da kleinere zeit-

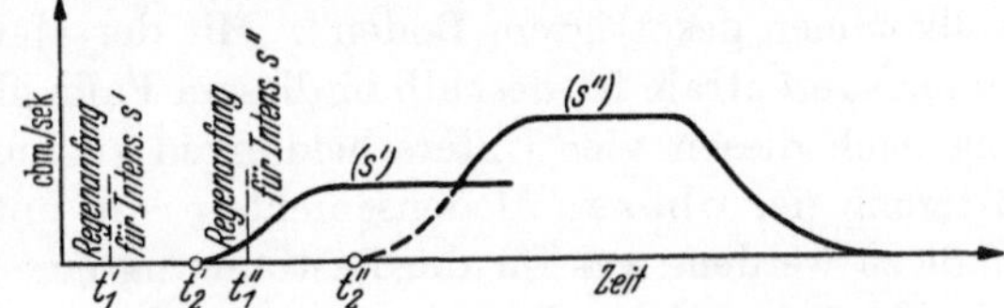

Abb. 34. Regenabfluß bei Änderung der Regenintensität.

liche Schwankungen noch während des Abfließens auf dem Gelände ausgeglichen werden, infolge der auch hier wirkenden Retention.

Zu Abb. 34: Man betrachtet den Zeitpunkt der Änderung der Regenintensität von s' auf s'' als den Regenanfang eines zweiten Regens und zeichnet die Ablauf-

---

[1] Über Trockenwetterauslauflinie s. Schaffernak: Hydrographie, Wien 1935 S. 318.

kurven der zwei Regen zeitlich richtig übereinander; die äußere Begrenzungslinie der zwei Ablaufkurven stellt den tatsächlichen Regenabfluß dar.

c) Stellungnahme zur Ermittlung von q_i^{II}. Die verschiedenen Einflüsse, welche das Verhältnis zwischen Niederschlag und Abfluß eines Einzugsgebietes und die Verzögerung des Abflusses regeln, sind: Bodenart und Bodendurchlässigkeit, das Talgefälle, die Form des Flußsystems innerhalb des Einzugsgebietes, der Sättigungsgrad des Bodens mit Wasser, die Art der Bebauung, das Vorhandensein von Schnee und Frost. Die Schwierigkeit und Unsicherheit der zahlenmäßigen Erfassung, sowie die große Zahl der Einflüsse läßt erkennen, daß eine aus Koeffizienten aufgebaute Formel auch hier nur ungenaue Werte liefern kann. Es kommt praktisch nur eine empirische Methode in Frage, die alle diese verschiedenen Einflüsse erfaßt. Das gezeigte Verfahren zur Schaffung der Unterlagen für die Vorausbestimmung der q_i^{II} erfüllt diese Bedingung. Die einmal ermittelten Unterlagen bleiben für die Voraussage gültig, solange die den Abfluß regelnden Einflüsse die gleichen bleiben als zur Zeit der Bestimmung der Unterlagen. Untersucht man unter diesem Gesichtspunkt die möglichen Änderungen in den verschiedenen Einflüssen, so zeigt sich: die Bodenart eines Einzugsgebietes kann sich nicht ändern. Das gleiche gilt für die Form des Einzugsgebietes und das Talgefälle. Die Verdunstung und der Wassergehalt des Bodens sind Änderungen unterworfen, die nachfolgend noch genauer betrachtet werden. Die Art der Bebauung kann sich flächenmäßig z. B. durch Abholzen großer Waldflächen ändern oder auch etwas mit dem Wechsel der Jahreszeiten. Bei sehr großen Abforstungen oder ähnlichem wird man deshalb die An- und Ablaufdiagramme des Einzugsgebietes kontrollieren, dagegen den durch die Jahreszeiten bedingten Wechsel in der Bewachsung zur Vereinfachung vernachlässigen. Die Form des Flußsystems innerhalb des Einzugsgebietes könnte evtl. durch Katastrophenhochwasser Änderungen erfahren, deren Auswirkung auf die q_i^{II} dann nachzuprüfen wäre.

Veränderlich und von wichtigem Einfluß ist die **Wasseraufnahmefähigkeit des Bodens:** Nach lang anhaltender Trockenheit hält der wasserarme Boden mehr Wasser zurück als ein schon wasserreicher oder gesättigter Boden, auf dem fast aller Niederschlag abfließt. Man wird diese Tatsache für genauer durchzuführende Niederschlagsvoraussagen so berücksichtigen, daß man die An- und Ablaufkurve erweitert und trennt für Abfluß auf „ganz trockenem Boden", auf „mäßig feuchtem Boden", auf „stark durchfeuchtetem Boden" und auf „vollkommen gesättigtem Boden". Mit der Meldung des Niederschlages an die Voraussagezentrale ist deshalb in diesem Falle gleichzeitig die Bodendurchfeuchtung nach diesen vier Unterscheidungen zu melden. Maßgebend ist dabei die Sättigung der oberen Bodenschichten; die unteren Schichten brauchen nicht erfaßt zu werden, was für die Bestimmung eine Erleichterung ist. Die An- und Ablaufkurve wird bei Berücksichtigung dieser Unterschiede zu einer Schar von eng beieinanderliegenden Kurven, dem sog. „erweiterten An- und Ablaufdiagramm". Für die erste Zeit des Aufbaues einer Voraussage wird man immer nur mit den einfachen An- und Ablaufkurven arbeiten.

Schwieriger zu erfassen sind die Verhältnisse für die Voraussage bei Frost, Schnee und Eis. Es sind mehrere Fälle möglich, die, auch wenn sie erfaßt werden könnten, praktisch das Verfahren sehr komplizieren. Im Winter kann sich eine Hochwasserwelle z. B. ausbilden durch eintretendes Tauwetter, durch Regen mit

Schneefall oder durch Regen auf eine Altschneedecke. Für die Größe des aus dem Gesamtwasservorrat abfließenden Teiles ist noch ein evtl. bestehender Bodenfrost von Einfluß. Wollte man dies alles berücksichtigen, so müßte eine ganze Anzahl von An- und Ablaufdiagrammen ermittelt werden für die verhältnismäßig kurze Zeit, in der solche Fälle möglich sind. Praktisch wird man sich deshalb in solchen Fällen damit begnügen, die Hochwasser aus den Pegelstandslinien der Einzugsprofile allein zu ermitteln und auf die An- und Ablaufdiagramme zu verzichten. Der Nachteil dieser Lösung ist nur, daß die zwischen Vorhersage und Eintritt gewonnene Zeit etwas kürzer ist als bei Vorhersage mit An- und Ablaufdiagrammen, was aber höchstens für den Oberlauf eines Flusses wichtig werden kann. — Ist nur Bodenfrost ohne Schnee vorhanden, so fließt bei Regen praktisch alles Wasser ab, der Boden nimmt nichts auf; dieser Fall kann angenähert der vollkommenen Bodensättigung gleichgestellt und mit diesen An- und Ablaufkurven vorausgesagt werden.

VI. Das Verhalten des Wassers auf seinem Talweg und die Beziehungen zwischen Flußwasser und Grundwasser.

Es ist zur Erreichung einer möglichst großen Vorhersagegenauigkeit noch zu prüfen, wie das Wasser in bezug auf die Erhaltung der Menge auf seinem Talweg sich verhält. Zu diesem Zwecke sollen zunächst der Zusammenhang und die Beziehungen zwischen Grundwasser und Flußwasser untersucht werden.

Vergleicht man die Grundwasserstände eines Talprofils mit den Flußwasserständen des, das Tal durchfließenden Flußlaufes, so kann man feststellen, daß in manchen Fällen Grundwasser und Flußwasser unabhängig voneinander fallen und steigen und daß in einer anderen Reihe von Fällen eine gewisse Abhängigkeit zwischen Grundwasserstand und Flußwasserstand besteht. — Ich kenne z. B. aus eigener Erfahrung den Fall, daß, gelegentlich des Baues einer Turbinenanlage in unmittelbarer Nähe des Flußschlauches, durch die Wasserspiegelabsenkung in der Baugrube auf der einen Seite des Flusses der Grundwasserstand auf der anderen Seite des Flusses unter dem Flußschlauch hindurch so stark abgesunken ist, daß die Brunnen der auf dieser anderen Seite liegenden Ortschaft versiegten. Der Flußwasserstand lag dabei mehrere Meter über dem abgesenkten Grundwasserstand und der Flußschlauch zeigte sich praktisch vollkommen wasserdicht, es bestand kein Zusammenhang zwischen Fluß- und Grundwasserstand. — Dagegen zeigen z. B. Grundwasserbeobachtungen an der Bode, daß Hochwasserstände das Grundwasser beeinflussen[1].

Dieser scheinbare Widerspruch in der gegenseitigen Beeinflussung von Grundwasser und Flußwasser, der in der Ansicht über diesen Punkt zwei Parteien schafft (wie z. B. bei der Projektierung der Talsperre im Bodetal oberhalb Wendefurth für die Speisung des Mittellandkanales), läßt sich nach meiner Ansicht wie folgt erklären: Die Infiltration von Flußwasser in das Grundwasser dichtet mit Hilfe der Wasserverunreinigungen den Flußschlauch allmählich gegen den weiteren Abfluß von Flußwasser ab. Fließt nun bei zeitweise erhöhtem Grundwasserstand (über den Flußwasserstand) im Bereich der Wasserstandsdifferenz und im geringen

---

[1] Rußwurm: Einfluß von Hochwasser auf den Grundwasserstand. Gas- u. Wasserfach 1927, Heft 15.

Maße auch darunter Grundwasser in das Flußwasser, so wird die Verschlickung
des Flußschlauches in diesem Bereich mehr oder weniger stark wieder aufgehoben
und für den Einfluß von Grundwasser wieder etwas freigemacht. Es ist dies der
ähnliche Vorgang, wie er in der Trinkwasserreinigung verwendet wird zur Reinigung von verschmutzten Filterschichten durch Spülen der Filterschicht mit
Wasser entgegen der normalen Fließrichtung im Filter. Dieses jeweilige Verdichten des Flußschlauches für die gerade stattfindende Fließrichtung und das
damit verbundene gleichzeitige Abschwächen der vorhandenen Flußschlauchdichtung für die andere Infiltrationsrichtung wiederholt sich im Laufe des Jahres
mehrere Male. Betrachtet man unter diesem Gesichtspunkt für eine längere Zeit
(z. B. 1 Jahr) die Schwankungen in der Höhendifferenz zwischen Flußwasserstand
und Grundwasserstand und außerdem die Wasserstandsdauerlinien des Flußwassers und Grundwassers, so läßt sich feststellen (Abb. 35):

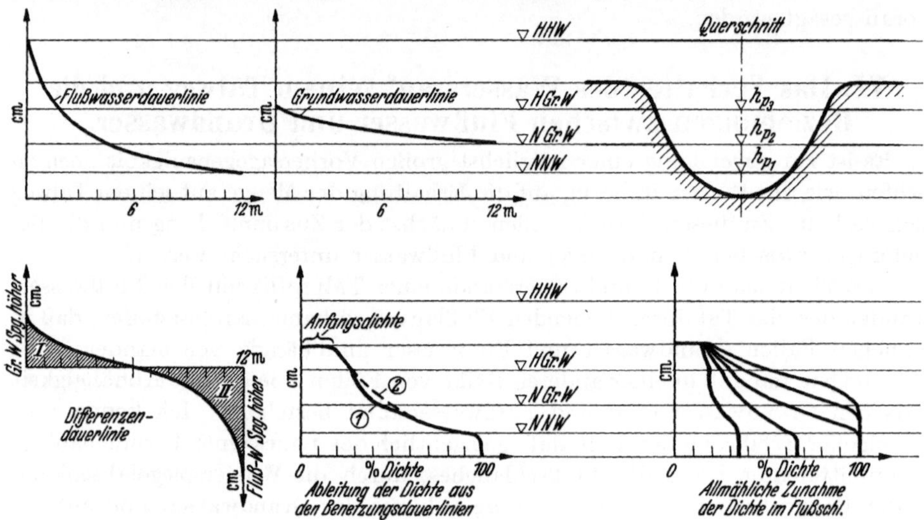

Abb. 35. Ableitung der Dichte des Flußschlauches.

Die Wasserstandsdauerlinien für Grundwasser und für Flußwasser überlagert
geben ein Bild für die Verteilung der Dichte des Flußschlauches der
Höhe nach, da die Dauerlinien ein Ausdruck für die Benetzungsdauer, damit für
die Sickerungsdauer und Dichtung sind. Es läßt sich sagen:

Die Dichte des Flußschlauches ist im unteren Teil am größten und nimmt allmählich nach oben ab. In älteren Flußläufen ist demnach der Flußschlauch bis
zur Niederwasserhöhe h_{p1} praktisch vollkommen dicht, von $h_{p1} - h_{p2}$ (tiefster
Grundwasserstand) ist die Dichte nur wenig geringer, wogegen sie im Bereich der
Grundwasserschwankungen von $h_{p2} - h_{p3}$ (höchster Grundwasserstand) verhältnismäßig stark abnimmt, und über h_{p3} sehr gering wird. Im Bereich zwischen
h_{p2} und h_{p3} schwankt die Stärke der Dichtung im Laufe des Jahres und ist für den
Abfluß des Flußwassers in das Grundwasser im allgemeinen größer als für die
umgekehrte Fließrichtung, da das Flußwasser mehr Verunreinigungen enthält als
das Grundwasser. Das Verhältnis zwischen den beiden Flächengrößen I und II
in der Differenzendauerlinie der Abb. 35 wäre also in Verbindung mit der Größe
der Verunreinigung des Flußwassers (v_f) und des Grundwassers (v_g) ein Maßstab

für die Dichte von h_{p2} bis h_{p3}. Leider fehlen entsprechende Versuche zur Bestätigung dieser Überlegung.

Das sich ergebende Bild über die Verteilung der Dichte besagt also, daß im unteren Teil des Flußschlauches älterer Flußläufe Flußwasser und Grundwasser praktisch unabhängig voneinander fließen; im oberen Teil dagegen wird die Dichte wesentlich geringer, so daß sich Flußwasser und Grundwasser gegenseitig beeinflussen können. Damit erklärt sich der eingangs gezeigte scheinbare Widerspruch über die Beziehungen zwischen Fluß- und Grundwasser. (Weitere Ausführungen s. noch in Abschn. X.)

Die Anwendung des Gesagten auf eine zu Tal gehende Hochwasserwelle ergibt die schon bekannte Tatsache, daß bei höheren Wasserständen immer Wasser in das Grundwasser abgegeben wird, und zwar besonders stark bei Ausuferung und Überflutung des Flußtales. Bemerkt sei, daß das Ansteigen des Grundwassers bei Hochwasser nicht allein auf den Zufluß von Flußwasser zurückzuführen ist, sondern auch auf die, aus der Verhinderung des Abfließens von zuströmendem Grundwasser entstehende Stauung. Die Größe des jeweiligen Abflusses von Tagwasser in das Grundwasser pro Zeiteinheit läßt sich nach obigem „als Funktion der Flußwasserspiegelhöhe" bestimmen und darstellen. Die gleichzeitig herrschende Grundwasserhöhe ist in geringem Maße ebenfalls von Einfluß, doch kann zur Vereinfachung dieser geringe Einfluß vernachlässigt werden. Da also angenähert die Größe der Versickerung als Abhängige vom Flußwasserstand sich darstellt, braucht der Versickerungswert in der Voraussage nicht eigens bestimmt und berücksichtigt zu werden. Für die Wassermengenvoraussage ist sie in der Fließzeit Δt_n^w enthalten, denn die für die Mengenvoraussage eingeführte Fließzeitgröße stellt die Zeit dar, welche eine bestimmte Wassermenge und damit ein bestimmter Wasserstand braucht, um vom Einlaufprofil zum Auslaufprofil der Teilstrecke n zu fließen. Verliert das zu Tal fließende Wasser durch Abgabe an das Grundwasser etwas von seiner Menge, so dauert es auch etwas länger, bis die oben zufließende Wassermenge am unteren Profil sich einstellt und je nachdem, ob mehr oder weniger Wasser ins Grundwasser abfließt, ist die Fließzeit etwas größer oder kleiner. Für die reine Wasserstandsvoraussage ist die Versickerung in den vergleichbaren Wasserständen enthalten. Es verhält sich mit der Versickerung also genau wie mit der Retention, beide sind in den eingeführten Größen enthalten und brauchen nicht gesondert berücksichtigt zu werden.

Auch die absolute Größe der ins Grundwasser abgeflossenen Wassermenge läßt sich nach dem Ablauf eines Hochwassers (d. h. nach dem Zurückgehen der evtl. Ausuferung und der Erreichung eines normalen Wasserstandes) entsprechend folgender Überlegung angenähert bestimmen: Die in Abb. 19 eingezeichnete Summenkurve der Differenzen „Zulauf—Ablauf" für eine Pegelstrecke beginnt zur Zeit t_0 bei einem Wasserstand h_a mit der Ordinate w_k^0 und läuft zur Zeit t_1 bei dem gleichen Wasserstand h_a aus auf einer Ordinate w_k^1, die etwas größer ist als w_k^0. Die Größe w_k^1 stellt die Summe dar aus der im Flußschlauch der Pegelstrecke k zu diesem Zeitpunkt enthaltenen Wassermenge + der in das Grundwasser abgeflossenen Wassermenge + der Verdunstung. Nachdem die Hochwasser verhältnismäßig rasch sich bilden und vergehen, kann die Verdunstung für diese Zeit angenähert vernachlässigt oder geschätzt werden. Die Differenz $w_k^1 - w_k^0$ ist dann die gesuchte, in der Zeit $t_0 - t_1$ ins Grundwasser abgeflossene Wassermenge. Es ist darauf zu achten, daß der gewählte Wasserstand h_a nicht unterhalb dem (durch die Hochwasserwelle aufgehöhten) Grundwasserstand liegt, da sonst schon wieder ein Zurückfließen von Grundwasser in das Flußwasser stattfindet. — Die in das Grundwasser abfließende Flußwassermenge ist neben der Retention und der unbedeutenden Verdunstung maßgebend beteiligt an der Verflachung und mengenmäßigen Abminderung der zu Tal gehenden Hochwasserwelle. So betrug z. B. für die Oder der Sickerverlust von Ratibor bis Hohensathen während des Hochwassers im Jahre 1902 in 26 Tagen 340 Millionen cbm bei einer Gesamtwasserführung von 1950 Millionen, somit 17 %; im Jahre 1903 betrug der Verlust 16 % [1].

Der umgekehrte Fall, die Anreicherung der zu Tal gehenden Hochwassermenge kann (außer dem hier nicht zu betrachtenden Zulauf an Mündungsstellen) nur stattfinden durch einen Zufluß aus dem Grundwasser, wenn das Grundwasser höher liegt als das Flußwasser. Dies ist nur möglich bei fallendem Wasser, nach dem Überschreiten der Hochwasserspitze im unteren Teil der Welle. Nachdem im letzten Auslauf der Hochwasserwelle im allgemeinen kein Interesse mehr für eine Vorausbestimmung vorhanden ist, kann dieser Fall hier unberücksichtigt bleiben. — Der Vollständigkeit halber sei noch bemerkt: Für die niederen Wasserstände, bei denen der Fluß nicht ausufert, läßt sich der Zufluß aus dem Grundwasser (und der Abfluß in das Grundwasser) für eine bestimmte Pegelstrecke auch ermitteln, aus dem Vergleich der Knickpunkte der Wassermengenlinien des Einlauf- und Auslaufprofils der Pegelstrecke. Trägt man die gefundenen Werte in ein Diagramm ein, so können sie verwendet werden für die Voraussage von Mittel- und Niederwasserständen.

VII. Die See-Retention.

Gesondert zu betrachten ist die Beeinflussung einer zu Tal gehenden Hochwasserwelle beim Durchfluß eines Sees. Die Retention des Sees flacht die Welle ab. Streng zu unterscheiden ist der Durchfluß eines „stehenden" Wassers vom Durchfluß einer nur stark verbreiterten Flußstrecke, „eines fließenden Wassers". Nachfolgend ist nur der Durchfluß eines stehenden Gewässers behandelt. Stark erweiterte Flußstrecken sind als Retentionsstrecken zu behandeln.

Bekannt ist für die Vorausbestimmung der Wasserstandsganglinie am Seeauslauf der Verlauf des Seezuflusses nach Menge und Zeit, dargestellt in der Zuflußmengenlinie am See-Einlauf. Außerdem kann bestimmt werden die Aufnahmefähigkeit des Sees als Funktion des Wasserstandes (Retentionslinie) und die Schlüsselkurve des Auslaufprofils. Mit diesen drei Größen läßt sich unter der Annahme, daß im Rückhaltebecken bei Durchgang der Welle der Wasserspiegel immer waagrecht bleibt, mittels dem nachfolgend für die Hochwasservorhersage besonders entwickelten Verfahren die Ganglinie der Abflußmengen vorausbestimmen.

Vorgang: Die Schlüsselkurve des Abflusses und die Retentionslinie werden in einem zweckmäßig gewählten Achsenkreuz aufgetragen (Abb. 36). Die Zu-

---

[1] Fischer, K.: Niederschlag und Abfluß im Odergebiet. Jb. Gewässerkunde, Bes. Mitt. Bd. III, Nr. 2.

flußmengenlinie ist über der zu ermittelnden Abflußmengenlinie aufgetragen. Der Seespiegel hat zu Beginn der Vorhersage (Zeit t_0) einen Pegelstand h_{p0}; mit Hilfe der Retentionskurve und h_{p0} ermittelt man im Quadranten I zeichnerisch den Punkt 1, d. i. der Wasserinhalt Q_0 des Sees zur Zeit t_0. Die Wassermenge Q_0 wird für die weitere Betrachtung als 0-Punkt der zu zeichnenden Summenkurven im Quadranten I angenommen. Da durch die Vorhersage für die Flußstrecke oberhalb des Retentionsbeckens die Ganglinie des Zulaufprofils zur Zeit t_1 bekannt ist, so läßt sich über die Retentionskurve und Schlüsselkurve des Seeabflusses die Ganglinie für den Auslauf zur Zeit t_1 bestimmen wie folgt: Man ermittelt sich rechnerisch (siehe Tabelle A) die in der Zeit t_0-t_1 zugeflossene Wassermenge Q_1^z ($= +1460000$ cbm) und hat damit einen Punkt (3) der Summenkurve des Zuflusses zur Zeit t_1 (Quadrant I). Die Abflußstärke q_0^a in cbm/sek zur Zeit t_0 (Punkt 2 in Quadrant II) ist ebenfalls aus dem h_{p0} über die Schlüsselkurve des Seeabflusses zeichnerisch bestimmbar. Nun nimmt man als erste Annäherung die Abflußstärke für die Zeit t_0-t_1 mit q_0^a an und errechnet (Tab. B) die in der Zeit t_0-t_1 abgeflossene Wassermenge Q_1^a (-970000 cbm). Dies liefert einen angenäherten Punkt (4) der Summenkurve des Abflusses zur Zeit t_1. Bildet man daraus die Differenz Zuflußmenge—Abflußmenge (Tab. C) für den Zeitpunkt t_1 (Punkt 5, $+480000$ cbm) und geht man von diesem Punkt über die Retentionskurve und die Schlüsselkurve zur Abflußmengenlinie, so erhält man dort für t_1 die angenäherte Abflußgröße q_1^a (Punkt 6). Errechnet man sich für diese so erhaltene angenäherte Abflußlinie von t_0-t_1 nochmals die Gesamtabflußmenge Q_1^a und bestimmt damit analog dem ersten Male den verbesserten Punkt 4 der Abflußsummenlinie, so erhält man aus der verbesserten Zufluß-Abflußmengenlinie zur Zeit t_1 (Punkt 5) über Retentions- und Schlüsselkurve den verbesserten Punkt 6 der gesuchten Abflußmengenlinie. Die Genauigkeit könnte noch gesteigert werden durch nochmalige Wiederholung, doch wird das im allgemeinen nicht notwendig sein. Die mit den verbesserten Werten nochmals gerechneten Tabellen A, B und C unterscheiden sich in den Werten nur wenig von den ersten Tabellen und es wurden hier nur einmal die drei Tabellen als Beispiel aufgenommen. Das Verfahren wendet man nun punktweise für die ganze Zeit der Vorausbestimmung an. Ist die Größe des Zuflusses zur Zeit t_2 bekannt (q_2^z), so errechnet man damit für die Zeit t_1-t_2 das Q_2^z und aus $Q^1 + Q_2^z$ die ΣQ_{0-2}^z (Punkt 7, $+3\,240\,000$ cbm), sowie das vorläufige Q_2^a und die ΣQ_{0-2}^a (Punkt 8, $-2\,140\,000$ cbm). Dies ergibt aus der Summenkurve Zufluß—Abfluß zur Zeit t_2 (Punkt 9, $+1\,100\,000$ cbm) und aus der Retentions- und Schlüsselkurve die angenäherte Abflußmenge q_2^a zur Zeit t_2 (Punkt 10). Die Wiederholung des Verfahrens mit diesem angenäherten Wert ergibt den verbesserten Wert q_2^a. — Für die Zeiten t_3, $t_4 \ldots$ usw. wiederholt sich das Verfahren sinngemäß.

Trägt man die ermittelte Abflußmengenlinie in das Diagramm der Zuflußmengenlinie ein, so muß bei Staubecken mit stehendem Wasser nach Schaffernak die Abflußmengenlinie immer in ihrem höchsten Punkt (mit horizontaler Tangente) die Zuflußmengenlinie schneiden[1]. Es kann diese Tatsache als Kontrolle dienen.

Kennt man die Zulauf- und Ablaufmengenkurve eines früheren Hochwassers und die Schlüsselkurve des Ablaufes, so kann man mit dem gleichen vorbeschrie-

---

[1] Schaffernak: Hydrographie, Wien 1935, S. 394.

benen Verfahren für das Staubecken umgekehrt auch die „Retentionskurve" ermitteln; es ist also nicht notwendig, die Retention aus Querprofilen zu errechnen. Man bestimmt sich zu diesem Zwecke aus der Summenkurve des Zulaufes und des

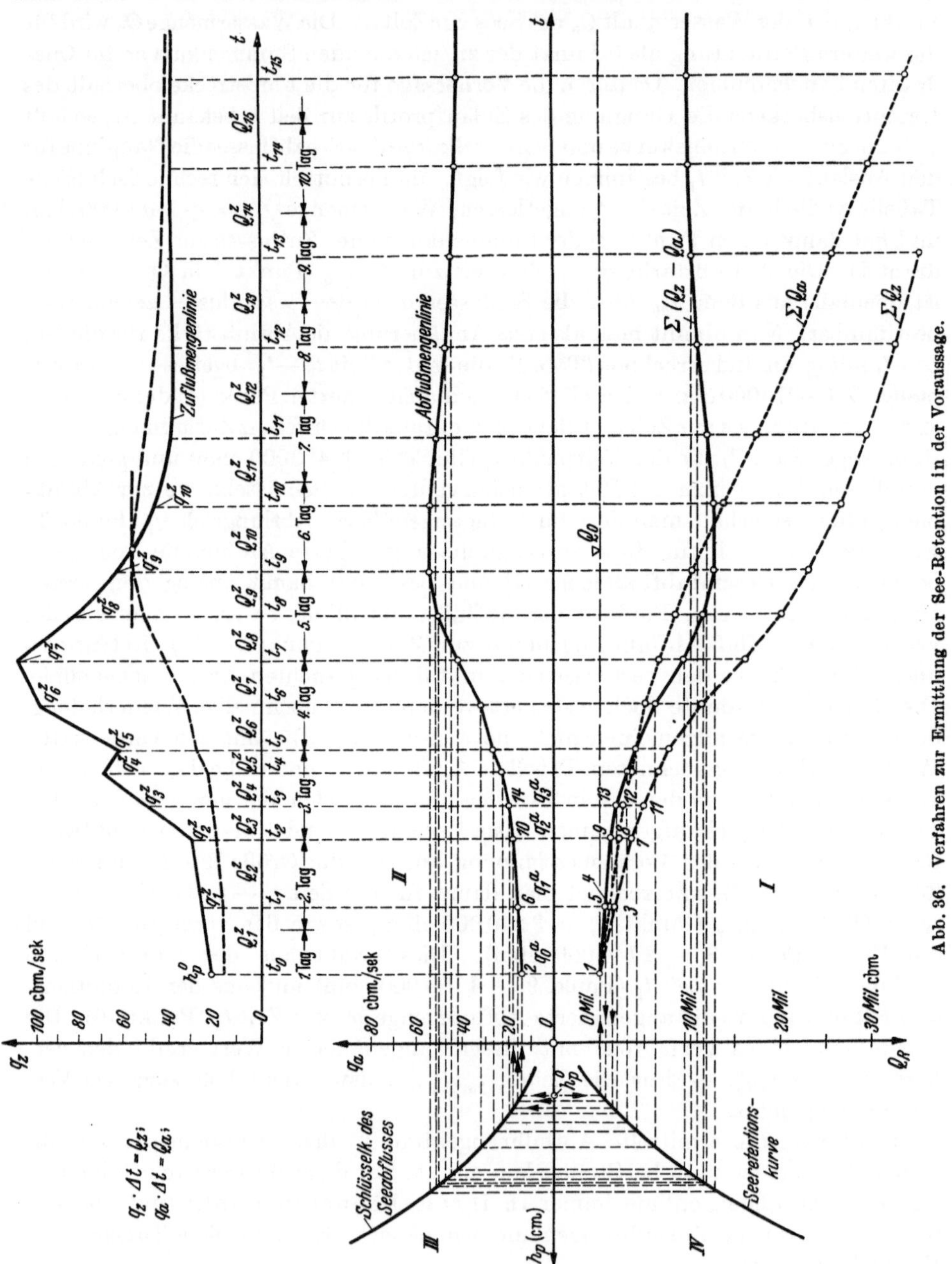

Abb. 36. Verfahren zur Ermittlung der See-Retention in der Voraussage.

Ablaufes die „Zulauf- minus Ablaufkurve". Mit der Abflußmengenkurve und der Summenkurve Zulauf-minus-Ablaufkurve läßt sich über die Schlüsselkurve sehr einfach die Retentionskurve punktweise konstruieren.

Tabelle A (Zufluß).

$Q_{n+1}^z = \dfrac{q_n^z + q_{n+1}^z}{2} \cdot (t_{n+1} - t_n) = +\text{ cbm}$	ΣQ^z
$Q_1^z = \left(\dfrac{20 + 25}{2}\ \text{cbm/sek}\right) \cdot (3 \cdot 21\,600^* \text{ sek}) = +\,1\,460\,000$ cbm	$+\ 1\,460\,000$
$Q_2^z = \left(\dfrac{25 + 30}{2}\ \text{,,}\ \right) \cdot (3 \cdot 21\,600\ \text{,, }) = +\,1\,780\,000$,,	$+\ 3\,240\,000$
$Q_3^z = \left(\dfrac{30 + 50}{2}\ \text{,,}\ \right) \cdot (1{,}5 \cdot 21\,600\ \text{,, }) = +\,1\,300\,000$,,	$+\ 4\,540\,000$
$Q_4^z = \left(\dfrac{50 + 70}{2}\ \text{,,}\ \right) \cdot (1{,}5 \cdot 21\,600\ \text{,, }) = +\,1\,960\,000$,,	$+\ 6\,500\,000$
$Q_5^z = \left(\dfrac{60 + 70}{2}\ \text{,,}\ \right) \cdot (1 \cdot 21\,600\ \text{,, }) = +\,1\,410\,000$,,	$+\ 7\,910\,000$
$Q_6^z = \left(\dfrac{60 + 100}{2}\ \text{,,}\ \right) \cdot (2 \cdot 21\,600\ \text{,, }) = +\,3\,480\,000$,,	$+\ 11\,390\,000$
$Q_7^z = \left(\dfrac{100 + 110}{2}\ \text{,,}\ \right) \cdot (2 \cdot 21\,600\ \text{,, }) = +\,4\,530\,000$,,	$+\ 15\,920\,000$
$Q_8^z = \left(\dfrac{110 + 82}{2}\ \text{,,}\ \right) \cdot (2 \cdot 21\,600\ \text{,, }) = +\,4\,150\,000$,,	$+\ 20\,070\,000$
$Q_9^z = \left(\dfrac{82 + 62}{2}\ \text{,,}\ \right) \cdot (2 \cdot 21\,600\ \text{,, }) = +\,3\,110\,000$,,	$+\ 23\,180\,000$
$Q_{10}^z = \left(\dfrac{62 + 48}{2}\ \text{,,}\ \right) \cdot (3 \cdot 21\,600\ \text{,, }) = +\,3\,580\,000$,,	$+\ 26\,760\,000$
$Q_{11}^z = \left(\dfrac{48 + 40}{2}\ \text{,,}\ \right) \cdot (3 \cdot 21\,600\ \text{,, }) = +\,2\,850\,000$,,	$+\ 29\,610\,000$
$Q_{12}^z = (\quad 40\quad\ \text{,,}\ ) \cdot (4 \cdot 21\,600\ \text{,, }) = +\,3\,450\,000$,,	$+\ 33\,060\,000$
$Q_{13}^z = (\quad 40\quad\ \text{,,}\ ) \cdot (4 \cdot 21\,600\ \text{,, }) = +\,3\,450\,000$,,	$+\ 39\,960\,000$
$Q_{14}^z = (\quad 40\quad\ \text{,,}\ ) \cdot (4 \cdot 21\,600\ \text{,, }) = +\,3\,450\,000$,,	$+\ 39\,960\,000$

$$\Sigma = 39\,960\,000 \text{ cbm}$$

* $21\,600$ sek $= 6$ Std.

Das Verfahren hat, wie eingangs erwähnt, zur Voraussetzung, daß bei Erhöhung des Seespiegels am Zulauf infolge des Zuflusses der ganze Seespiegel praktisch gleichzeitig sich hebt und den Seeauslauf beeinflußt. Bei ruhigem Seewasser wird diese Bedingung erfüllt. Nach der bekannten Erscheinung aus der Fortpflanzung des verstärkten Druckes[1] verteilt sich eine Spiegelerhöhung und -erniedrigung unmittelbar auf den ganzen Seespiegel. Als Beweis für diese Erscheinung führt z. B. Liezewski[2] an, daß beim langsamen Einfahren eines Dampfers in den schmalen Hafenmund des kleinen Haffhafens Tolkemit, der eine Länge von rd. 230 m hat, zu gleicher Zeit sich das Wasser an der gegenüberliegenden Seite beträchtlich hebt. Im Gegensatz dazu geht aber die Verteilung des zulaufenden Wassers wesentlich langsamer vor sich. Sie ist nach den Ausführungen von Koženy[3] weitgehend von der Temperaturdifferenz zwischen dem Zuflußwasser und dem Seewasser abhängig. Es bewegt sich danach das zufließende Wasser durch den See in einer Schicht, die um so stärker ist, je größer die Temperaturdifferenz zwischen Zulauf und Seewasser ist. Der Einfluß der Wasser-

---

[1] Vgl. u. a. Tolkemit: Grundlagen der Wasserkunst. Berlin 1898, S. 132.
[2] Zbl. Bauverw. 1922, S. 409.
[3] Koženy, J.: Die Wasserführung der Flüsse. Leipzig u. Wien 1920, S. 79.

Tabelle B (Abfluß).

$$Q^a_{n+1} = q^a_n \text{ cbm/sek} \cdot \Delta t_n \text{ sek} = - \text{ cbm} \qquad \Sigma Q^a$$

	ΣQ^a
$Q^a_1 = q^a_{0-1}$ cbm/sek $\cdot (21\,600 \cdot 3\ \ )$ sek $= -\ \ 970\,000$ cbm	$-\ \ \ \ 970\,000$
$Q^a_2 = q^a_{1-2}$,, $\cdot (21\,600 \cdot 3\ \ )$,, $= -\,1\,170\,000$,,	$-\ \ 2\,140\,000$
$Q^a_3 = q^a_{2-3}$,, $\cdot (21\,600 \cdot 1{,}5)$,, $= -\ \ 620\,000$,,	$-\ \ 2\,760\,000$
$Q^a_4 = q^a_{3-4}$,, $\cdot (21\,600 \cdot 1{,}5)$,, $= -\ \ 650\,000$,,	$-\ \ 3\,410\,000$
$Q^a_5 = q^a_{4-5}$,, $\cdot (21\,600 \cdot 1\ \ )$,, $= -\ \ 470\,000$,,	$-\ \ 3\,880\,000$
$Q^a_6 = q^a_{5-6}$,, $\cdot (21\,600 \cdot 2\ \ )$,, $= -\,1\,170\,000$,,	$-\ \ 5\,050\,000$
$Q^a_7 = q^a_{6-7}$,, $\cdot (21\,600 \cdot 2\ \ )$,, $= -\,1\,390\,000$,,	$-\ \ 6\,440\,000$
$Q^a_8 = q^a_{7-8}$,, $\cdot (21\,600 \cdot 2\ \ )$,, $= -\,1\,770\,000$,,	$-\ \ 8\,210\,000$
$Q^a_9 = q^a_{8-9}$,, $\cdot (21\,600 \cdot 2\ \ )$,, $= -\,2\,160\,000$,,	$-\,10\,370\,000$
$Q^a_{10} = q^a_{9-10}$,, $\cdot (21\,600 \cdot 3\ \ )$,, $= -\,3\,500\,000$,,	$-\,13\,870\,000$
$Q^a_{11} = q^a_{10-11}$,, $\cdot (21\,600 \cdot 3\ \ )$,, $= -\,3\,500\,000$,,	$-\,17\,370\,000$
$Q^a_{12} = q^a_{11-12}$,, $\cdot (21\,600 \cdot 4\ \ )$,, $= -\,4\,410\,000$,,	$-\,21\,780\,000$
$Q^a_{13} = q^a_{12-13}$,, $\cdot (21\,600 \cdot 4\ \ )$,, $= -\,4\,150\,000$,,	$-\,25\,930\,000$
$Q^a_{14} = q^a_{13-14}$,, $\cdot (21\,600 \cdot 4\ \ )$,, $= -\,3\,900\,000$,,	$-\,29\,830\,000$

$$\Sigma = 39\,830\,000 \text{ cbm}$$

bewegung infolge Verteilung des Zulaufwassers auf die Retentionswirkung (entgegen der gemachten Annahme eines stillstehenden Wassers), der ohne Zweifel etwas vorhanden ist, wird zur Vereinfachung des Verfahrens vernachlässigt. Interessant ist in diesem Zusammenhang z. B., daß das Gefälle des Genfer Sees zwischen Vevey und Secheron bei Niederwasser 1,7 mm und bei Hochwasser nur 5,4 mm[1] beträgt.

Tabelle C (Zufluß—Abfluß).

$+$ Zufl. Q^z $-$ Abfl. $Q^a =$	cbm
$+\ \ 1\,450\,000 -\ \ \ \ 970\,000 = +\ \ \ \ 480\,000$	cbm
$+\ \ 3\,240\,000 -\ \ 2\,140\,000 = +\ \ 1\,100\,000$	,,
$+\ \ 4\,540\,000 -\ \ 2\,760\,000 = +\ \ 1\,780\,000$	,,
$+\ \ 6\,500\,000 -\ \ 3\,410\,000 = +\ \ 3\,090\,000$	,,
$+\ \ 7\,910\,000 -\ \ 3\,880\,000 = +\ \ 4\,030\,000$	,,
$+\,11\,390\,000 -\ \ 5\,050\,000 = +\ \ 6\,340\,000$	,,
$+\,15\,920\,000 -\ \ 6\,440\,000 = +\ \ 9\,480\,000$	,,
$+\,20\,070\,000 -\ \ 8\,210\,000 = +\,11\,860\,000$	,,
$+\,23\,180\,000 -\,10\,370\,000 = +\,12\,810\,000$	,,
$+\,26\,760\,000 -\,13\,870\,000 = +\,12\,890\,000$	,,
$+\,29\,610\,000 -\,17\,370\,000 = +\,12\,240\,000$	,,
$+\,33\,060\,000 -\,21\,780\,000 = +\,11\,280\,000$	,,
$+\,36\,510\,000 -\,25\,930\,000 = +\,10\,580\,000$	,,
$+\,39\,960\,000 -\,29\,830\,000 = +\,10\,130\,000$	,,

Das beschriebene Retentionsverfahren könnte auch Anwendung finden in der Stadtkanalisation zur Bemessung der dort seit einiger Zeit ausgeführten Rückhaltebecken.

VIII. Die Durchführung der Vorherbestimmung.

Aus den bisherigen Betrachtungen über das Zustandekommen und den Abfluß von Hochwasseranschwellungen und aus den gefolgerten Einzelerkenntnissen soll nachfolgend die allmähliche Entwicklung und der zweckmäßigste Aufbau von Hochwasservoraussagen gezeigt werden.

A. Die allmähliche Entwicklung des Verfahrens.

Es wird bei einer Neueinführung der Vorherbestimmung an einem Fluß nach den Ausführungen des Abschnittes III F am besten mit einem einfachen Ver-

---

[1] Forel: „Lé Léman", II. Bd., S. 20.

fahren begonnen, für dessen Durchführung die Unterlagen ohne Schwierigkeiten zu bestimmen sind. Ein solches Verfahren ist, wie sich zeigte, die Vorhersage aus den Wasserständen allein ohne Verwendung der Wassermengen. Zunächst baut man sich also die reine Wasserstandsvoraussage auf die Pegelstreckenteilung auf, trotzdem damit nach den früheren Ausführungen noch keine solche Genauigkeit erzielbar ist, wie es erwünscht wäre. Um die Genauigkeit allmählich zu steigern, sorgt man dann im Laufe der Zeit für die Ergänzung der Schlüsselkurven und die hydrographisch richtige Einschaltung von weiteren Pegelstellen (auch in den größeren Nebenflüssen), um langsam übergehen zu können auf die Voraussage aus Wasserständen mit Verwendung der Wassermengen. Man geht dabei so vor, daß zuerst an den „Mündungen größerer Zuflüsse" die Addition der zwei Gewässer über die Schlüsselkurve statt über die Bezugslinie durchgeführt wird und anschließend auch die Zeitfolgelinien der Zwischenstrecken auf Wassermengen aufgebaut werden. Da die (in Abschn. 1, III A) gebrachte Überlegung von F. Rosenauer zeigt, daß die Pegelkurve für Änderungen zuverlässiger ist als für die absoluten Werte, wird bei Verwendung von Wassermengenwerten aus der Schlüsselkurve grundsätzlich immer entweder nur mit den Pegeländerungen (aus dem letzten Stand und der neuen Meldung) statt mit den absoluten Größen gearbeitet, oder aber es wird mit den absoluten Werten gerechnet, dazu noch zu Beginn der Vorhersage die bestehende Differenz d ermittelt und diese an jedem absoluten Wert als Korrektur angebracht. Es kommt die zweite Art ebenfalls einer Vorhersage nur aus Änderungen gleich, da die auszuschaltenden Ungenauigkeiten für alle höheren Wasserstände konstant bleiben (s. Abschn. 2, III E d) und ich möchte dieser zweiten Art den Vorzug geben. Ist noch eine weitere Steigerung der Vorhersagegenauigkeit erwünscht, so kann man die Pegelstrecken mittels Schwimmermessung in die Teilstrecken n gleicher Fließbedingungen teilen, denn die vorhandene Pegelstreckenteilung aus alten Pegelstellen ist hydrographisch oft schlecht; durch die n-Streckenteilung werden fließtechnisch gleichwertige Flußstrecken gebildet, in denen die Fließgrößen bei Verwendung der erweiterten Diagramme viel weniger streuen.

Ist die Voraussage für den Hauptfluß eines Flußsystems aus den Wasserständen über die Wassermengen entwickelt, so geht man mit der Vorhersage auch in die Nebenflüsse. Je weiter der Hochwasserdienst dort ausgebaut wird, um so größer ist für den Hauptfluß die Zeitspanne zwischen Voraussage und Eintritt eines Wasserstandes. Um in den Nebenflüssen dieser Forderung nahezukommen, ergibt sich hier flußaufwärtsgehend bald die Notwendigkeit, aus den Niederschlägen vorauszubestimmen. Für diesen letzten Ausbau ermittelt man sich zunächst an den Oberläufen der Nebenflüsse und später auch für die Einzugsgebiete der unteren Fließstrecken des Neben- und Hauptflusses die An- und Ablaufkurven der Niederschläge. Zur Vereinfachung wird für die „Summe aller kleineren Zuflüsse einer Pegelstrecke" jeweils nur ein An- und Ablaufdiagramm (aus der Mengendifferenz zwischen Ein- und Austrittspegel der Pegelstelle) aufgestellt. Ist dies durchgeführt, so können auch größere Niederschläge in den Zwischengebieten unmittelbar berücksichtigt werden.

Die Hochwasservoraussage wird also nicht nach einem von vornherein festen Verfahren aufgebaut, sondern zunächst in einfacher Form begonnen und dann allmählich erweitert. Die bisherige Außerachtlassung dieser Forderung ist nach meiner Ansicht ein wesentlicher Grund für den oft geringen und unbefriedigenden Erfolg. Die Aufeinanderfolge der einzelnen Verfahren ergibt sich zwangsläufig und so hat sich auch die Streitfrage der Vorhersage mit oder ohne Wassermengen gelöst.

Nachfolgend sei im einzelnen zuerst die Durchführung der Voraussage aus den Wasserständen allein, dann die Voraussage bei Verwendung der Wassermengen und anschließend die Voraussage aus den Niederschlägen besprochen; der allmähliche Übergang von einem Verfahren zum nächsten zeigt sich dabei ebenfalls.

B. Voraussage aus den Wasserständen ohne Verwendung der Wassermengen.

Die Voraussage aus den Wasserständen allein führt man nach den Ausführungen in Abschn. 2 III F zweckmäßig wie folgt durch:

Der Flußlauf wird für diese einfachste Voraussage so in einzelne Abschnitte aufgeteilt, daß mindestens jeder größere Zufluß, dessen Einwirkung auf den Hauptstrom besonders berücksichtigt werden soll, einen Teilpunkt bildet. Lange Fließstrecken von Mündung zu Mündung werden durch die vorhandenen und durch neu anzulegende Pegelstellen noch weiter unterteilt. Nun wird in der Voraussage grundsätzlich das Fortschreiten des Wassers jeweils vom letzten Teilpunkt nach Stand und Zeit bis zum nächsten Teilpunkt hin verfolgt. Am Teilpunkt der Mündungsstelle addiert man die zeitlich bis ganz an die Mündungsstelle geführten und jeweils gleichzeitig zusammenfließenden Wasser entweder mit Bezugslinien der Wasserstände oder wenn möglich mit Schlüsselkurven über die Wassermengen. Der Wasserablauf von Teilpunkt bis Teilpunkt wird zur Erhöhung der Genauigkeit möglichst mit Bezugslinien, die Fallen, Steigen, Wellenscheitel und evtl. Wellental unterscheiden, ermittelt. Ist ein baldiger Übergang der Voraussage auf Wassermengen vorgesehen, so wird man Fallen und Steigen vorerst vernachlässigen.

Das Heranführen der Wassermengen bis an die Mündungsstellen vor der Addition hat zur Folge, daß die Addition der Wassermengen zeitlich bestimmt richtig durchgeführt wird und das vorausgesagte Bild der Welle im Hauptfluß nach dem Zusammenfließen der zwei Gewässer viel genauer ist als bei Außerachtlassung dieser Forderung; es ist dies besonders für den fallenden und steigenden Ast der Welle wesentlich. Ein weiterer Vorteil der Aufstellung der Beziehung zwischen den drei Wasserständen an der Mündung ohne Fließzeit ist, daß alle zeitlich gleichen Punkte der drei Wasserstandslinien und Wassermengenlinien zusammengehören. Es wird so die Aufstellung einer sehr genauen Beziehung zwischen den drei Pegeln möglich, da zu jedem beliebigen Punkt der einen Pegelkurve die Punkte an den zwei anderen Kurven eindeutig bekannt sind. Man ist nicht mehr auf die oft nur wenig vorhandenen und unsicher zusammengehörigen Knickpunkte und Scheitelstellen angewiesen und kann beliebige Punkte der Ganglinie verwenden. Zu erwähnen ist noch, daß die zwei oberstromigen Pegel an der Mündung möglichst außerhalb des gegenseitigen Staues der zwei Flüsse liegen sollen; man wird die dann noch vorhandene Fließzeit vernachlässigen oder in die vorhergehende Fließstrecke aufnehmen.

In der Bezugslinie der Mündungsstellen unterscheidet man nicht zwischen Fallen, Steigen usw., da die schon aus einer Schar bestehenden Bezugslinien dadurch zu kompliziert werden würden; für dieses kurze Stück des Zusammenflusses ist es auch ohne Nachteil möglich. Man sieht daraus, ein Verfahren, das in den Folgelinien für Mündungen Fließzeiten enthält, also das Wasser vor der Addition nicht bis an die Mündung heranführt, kann praktisch im ganzen Verfahren nicht mit den erweiterten Folgelinien (die Fallen und Steigen berücksichtigen) arbeiten, da dies in die Folgelinien der Mündungsstellen, die schon Fließzeiten enthalten, wegen der Komplizierung praktisch nicht mehr aufgenommen werden kann und die Vernachlässigung in langen Mündungsfließstrecken praktisch die Vernachlässigung von Fallen und Steigen für den ganzen Fluß notwendig macht.

Alles weitere hat dieses Verfahren mit dem allgemeinen Fall gemeinsam, das dort ausgeführt wird (Abschn. D).

C. Voraussage aus den Wasserständen mit Verwendung der Wassermengen.

Die Vorausbestimmung aus den gemeldeten Wasserständen mit Verwendung der Wassermengen unterscheidet sich von der allgemeinen Vorausbestimmung aus Niederschlägen nur dadurch, daß im letzteren Verfahren auch die Wasserstände am Einzugsprofil zu ermitteln sind, die im ersteren Falle noch gegeben sind. Nach Ermittlung dieser Wasserstände aus den gegebenen Niederschlägen unterscheiden sich beide Verfahren in ihrer weiteren Durchführung nicht mehr. Alles Nähere über die Durchführung der Vorhersage aus gemeldeten Wasserständen und den Wassermengen deshalb im Abschn. D. Entsprechend der allmählichen Entwicklung der Vorhersage an einem Flußsystem wird man auch hier anfangs noch mit der einfachen Schlüsselkurve und Fließzeitkurve arbeiten und ebenso die Unterteilung der Pegelstrecken in Fließstrecken erst allmählich durchführen. Zu empfehlen ist dieser, wenn auch schrittweise Ausbau zum genaueren Wassermengenverfahren jedoch unbedingt, da nach Ergänzung der Unterlagen die Meldearbeit nicht und die Arbeit der Vorausbestimmung nur wenig vermehrt wird.

Die Vorhersage aus den Wasserständen erfordert die Bestimmung der Schlüsselkurve, aber noch nicht die Ermittlung der An- und Ablaufkurve, was gegenüber der Voraussage aus den Niederschlägen eine wesentliche Vereinfachung bedeutet. Man wird deshalb in allen Fällen, in denen eine zeitlich genügend lange Voraussage noch aus den Wasserständen durchgeführt werden kann, auf die Niederschlagsvoraussage möglichst verzichten, d. i. hauptsächlich am Mittel- und Unterlauf. Erst im Oberlauf eines Flusses mit seinen kurzen Fließzeiten und dem noch großen Einfluß jedes Zuflusses auf die Form der Welle, muß für eine brauchbare Voraussage von den Niederschlägen ausgegangen werden.

D. Voraussage aus den Niederschlägen mit Verwendung der Wassermengen (Allgemeines Verfahren).

Es ist dies der allgemeinste Fall und daher am kompliziertesten. An ihm soll die Durchführung der Vorausbestimmung gezeigt werden.

Die notwendigen Vorarbeiten für die Vorherbestimmung von Wasserständen aus den Niederschlägen über die Wassermengen sind die Einteilung des Flußgebietes in Einzugsgebiete i, die Ermittlung der Abflußdiagramme, die Einteilung des Flußlaufes in Pegel- und evtl. Fließstrecken und die Bestimmung der Fließzeitdiagramme. Sind diese Vorarbeiten geleistet, so kann die Vorausbestimmung wie folgt durchgeführt werden: Eine zentrale Stelle, welche die Vorher-

bestimmung durchzuführen hat, erhält zu Beginn der Vorausbestimmung eines
Hochwassers aus jedem Einzugsgebiet für diesen allgemeinsten Fall gemeldet:
den Wasserstand am Einzugsprofil bzw. Pegelprofil, die Sättigung des Bodens
mit Wasser, die Regenintensität am Regenmesser und die Regendauer bzw.
den Regenbeginn falls der Regen noch andauert. Zur Fortführung der
Voraussage werden dann laufend täglich ein- oder mehrere Male gemeldet:
Regenintensität und Regendauer sowie Pegelstand mit Zeitangabe am Einzugs-

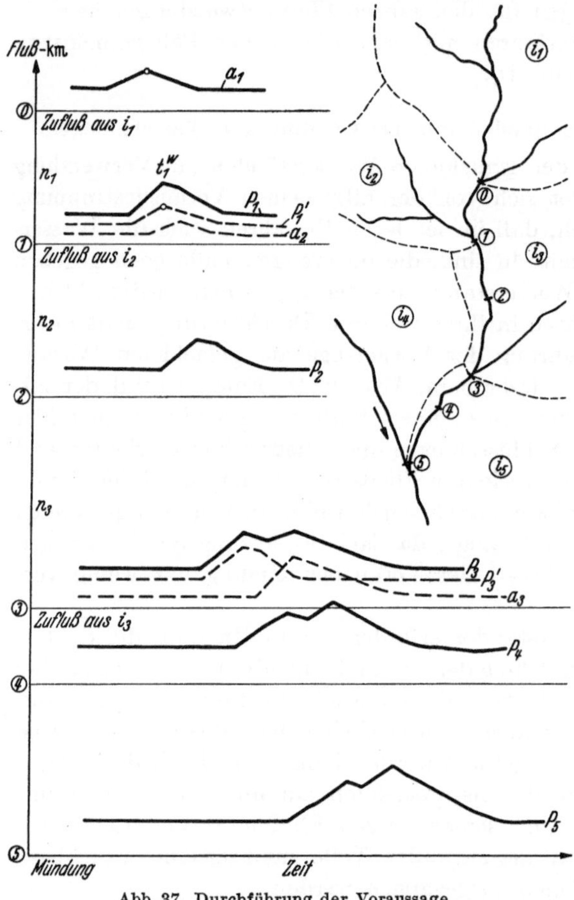

Abb. 37. Durchführung der Voraussage.

profil und an den Pegelstellen. Die gute Organisation
der Meldung dieser Größen
an die zentrale Stelle ist sehr
wichtig; die Meldungen sollten alle ungefähr zur gleichen vereinbarten Zeit dort
eintreffen und möglichst
durch eigene Telephone oder
Telegraphen übermittelt
werden. Näheres über den
Ausbau der Nachrichten-
übermittlung zeigt der be-
sprochene Nachrichtendienst
an der österreichischen Donau (Abschn. 1, IV).

Zur Durchführung der
Voraussage mit den erhaltenen Meldungen legt man für
den Flußlauf ein Diagramm
an (Abb. 37), dessen Ordinate den abgewickelten Flußlauf darstellt und in die
Strecken k und n geteilt ist.
Die Abszisse stellt die Zeit
dar; auf Parallelen zu ihr
durch die Teilpunkte werden
die Wassermengenlinien in
einem zu wählenden Was-
sermengenmaßstab eingetra-

gen. Die weitere Durchführung sei an einem in Abb. 37 dargestellten Beispiel
gezeigt:

Aus den Regenangaben und dem gegebenen Pegelstand an jedem Einzugsprofil zu Beginn des Regens ermittelt man nach Abschn. V mit Hilfe der An- und
Ablaufdiagramme die zu erwartende Abflußmengenlinien ($= a_1$, a_2, $a_3 \ldots$) als
Funktion der Zeit für jedes Einzugsgebiet. Die Voraussage des weiteren Wasser-
ablaufes gestaltet sich dann wie folgt: Mit dem Δt_1^w-Diagramm wird die Ankunft
der Wassermengenlinie a_1 aus 0 in 1 bestimmt (als P_1' bezeichnet). Da in Punkt 1
vom Einzugsgebiet i_2 durch einen Seitenarm Wasser zufließt, dessen Verlauf a_2
schon vorher bestimmt ist, ermittelt man durch Addition von P_1' und a_2

den Wassermengenverlauf P_1, wie er von 1 nach 3 fließt. Mit Hilfe des Δt_2^w-Diagramms ergibt sich dann der Wassermengenverlauf P_2 im Teilpunkt 2 und aus den Δt_3^w-Werten das P_3' in 3. Der Zufluß 3 an dieser Stelle mit P_3' summiert liefert die P_3-Wassermengenlinie, wie sie von 3 nach 4 fließt. Analog sind P_4 und P_5 ermittelt. Das P_5 wird als Vorausbestimmung in das Blatt, welches die Mündungsstelle 5 im Hauptfluß enthält, übernommen wie in diesem Blatt die a_1—a_3 übernommen wurden. Für das Fortschreiten der Scheitelpunkte und Talpunkte ist außerdem noch die Abminderung der Spitzen und die Auffüllung der Täler mit Hilfe der bespr. Scheiteldiagramme zu berücksichtigen.

In der praktischen Durchführung ist es nicht immer notwendig, für alle Teilprofile der Teilabschnitte die Wassermengenkurve aufzuzeichnen. Es genügt, sie zur Vereinfachung nur an allen Pegelstellen einzutragen. Zwischen den Pegelstellen ist es ausreichend die Δt_n^w rechnerisch zu addieren, ohne Auftragen der Kurven.

Die mit Zeitangabe gemeldeten **tatsächlichen** Wasserstände im Einzugsprofil werden laufend in das Vorhersagediagramm eingetragen. Noch während des Ablaufes eines Hochwassers werden sie verwendet zur Kontrolle des vorherbestimmten Wasserstandes. Aus den evtl. Abweichungen kann die weitere Voraussage reguliert werden. Es ist zweckmäßig den zu **Beginn**, d. h. beim Einsetzen der Vorhersage herrschenden Wasserstand aus den vorhergegangenen Wasserständen des Oberlaufes zu bestimmen, um damit die kleineren Änderungen am Flußlauf seit dem letzten Hochwasser und die sonstigen Ungenauigkeiten von Anfang an berücksichtigen zu können.

IX. Verbesserung der Voraussageunterlagen nach Ablauf eines vorherbestimmten Hochwassers.

Nach Ablauf des Hochwassers werden aus dem Vergleich der vorausbestimmten Wassermengenkurven mit dem tatsächlichen Wassermengenablauf die für die Vorausbestimmung verwendeten Grundgrößen (Fließzeit, An- und Ablaufkurven, Scheiteldiagramme) verbessert. Die Abweichungen der zu vergleichenden Kurven kann eine zeitliche sein oder in der Größe der Wassermenge bestehen.

Sind die Wassermengenkurven **zeitlich** gegeneinander verschoben, so sind die Fließzeiten Δt_n^w zu korrigieren. Zu diesem Zwecke stellt man die Δt_n^w, wie früher ausgeführt, aus dem tatsächlichen Wasserablauf fest und trägt die gefundenen Werte zur Verbesserung der Fließzeitkurve in das Δt_n^w-Diagramm ein.

Bei vorhandenen Unterschieden

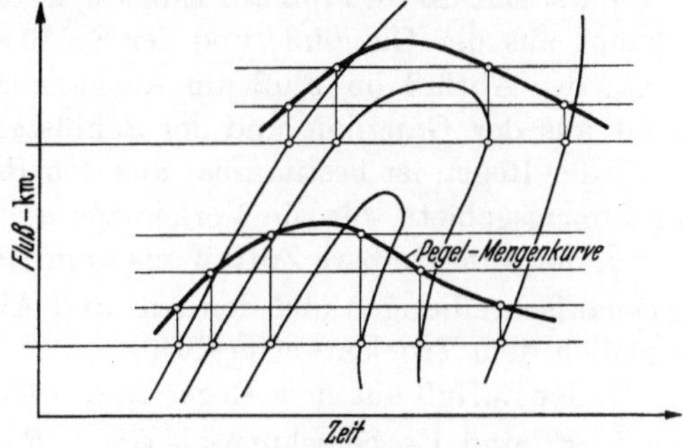

Abb. 38. Gangflächen nach Kleitz.

in der **Größe** der vorausgesagten und der abgelaufenen Wassermenge sind die An- und Ablaufkurven der Einzugsgebiete und die Scheiteldiagramme der Flußstrecken zu verbessern. Es werden die tatsächlichen Wassermengenlinien der Einzugsprofile unter Berücksichtigung der Regenintensität und die Scheitelabminderung in die Diagramme eingetragen und damit die Kurven verbessert.

Sehr übersichtlich läßt sich der Charakter des abgelaufenen Hochwassers darstellen, wenn man in das Ort-Zeit-Koordinatensystem mit eingetragenen Mengenkurven die sog. Gangflächen einträgt[1]. Aus den Gangflächen lassen sich sehr einfach die t_k^w-Werte und die Scheitelabminderung des abgelaufenen Hochwassers entnehmen. Der Vergleich der Gangflächen des vorausbestimmten und des tatsächlich abgelaufenen Hochwassers zeigt übersichtlich, in welchen Flußstrecken die Grundwerte verbessert werden müssen (Abb. 38).

X. Die Verwendung der Erfahrungen aus dem Verfahren zur Erforschung des Wasserhaushaltes des Flußgebietes.

Die für das Vorhersageverfahren ermittelten Grundgrößen und Wasserablaufkurven lassen sich verwerten für die Erforschung des Wasserhaushaltes des Flußgebietes. Es ist über diese wichtigen Zusammenhänge bisher noch wenig bekannt, es soll deshalb nachfolgend ein für die Klärung dieser Fragen möglicher Weg kurz gezeigt werden.

Der Wasserhaushalt für ein Flußgebiet kann aufgestellt werden, wenn alle Zugänge und alle Abgänge bekannt sind. Außerdem müssen die auszuwertenden Beobachtungen, um brauchbare Ergebnisse zu bekommen, auf eine längere Zeit (mehrere Jahre) sich erstrecken. Die zu ermittelnden Größen sind für den allgemeinsten Fall folgende: Der Zufluß Q_z im Fluß in die zu betrachtende Flußstrecke und der Abfluß Q_a aus dieser Strecke; die Niederschläge R, die zum Teil (als G_Z^R) in das Grundwasser fließen, zum Teil (als F_Z^R) in den Fluß unmittelbar abfließen und als Restmenge V_R verdunsten; außerdem der Grundwasserzufluß (G_Z^F) aus dem Fluß und der Grundwasserabfluß (G_A^F) in den Fluß, sowie die Verdunstung (V_F) von Flußwasser und die Verdunstung (V_G) von Grundwasser; zu letzterem wird auch der Verbrauch der Vegetation gezählt.

Nimmt man für die Berechnung der drei Verdunstungsgrößen V_G, V_R und V_F als Annäherung Werte aus gesondert durchzuführenden Messungen oder aus Angaben der Literatur, so lassen sich die anderen Größen wie folgt ermitteln:

Q_Z, der Zufluß im Fluß am Eingang in das zu betrachtende größere Gebiet ist bekannt aus der Ganglinie und der Schlüsselkurve des Zuflußpegels;

Q_a, der Abfluß im Fluß am Ausgang aus dem betrachteten Gebiet ist bekannt aus der Ganglinie und der Schlüsselkurve des Abflußpegels;

R, der Regen ist bestimmbar aus den Regenaufzeichnungen der Regenstellen der Einzugsgebiete, für die Vorhersage aus den Niederschlägen vorhanden;

F_Z^R, der unmittelbare Zufluß aus dem Regen in den Fluß ist bekannt aus den Regenaufschreibungen und den An- und Ablaufdiagrammen der Einzugsgebiete, abzüglich dem Trockenwetterabfluß;

G_Z^R, der Zufluß aus dem Regen in das Grundwasser läßt sich nach Ermittlung von R, F_Z^R und V_R berechnen als $G_Z^R = R - (F_Z^R + V_R)$;

G_Z^F, der Zufluß aus dem Fluß in das Grundwasser bei Hochwasser, und

G_A^F, der Abfluß in den Fluß aus dem Grundwasser kann ermittelt werden mit dem nachfolgend entwickelten Verfahren.

---

[1] Kleitz, Nots sur la theorie du mouvement non permanent ..., Annales des ponts et chausees, Paris 1877, II. Semestre.

Die jeweilige Differenz aller Zuflüsse minus Abflüsse stellt die Grundwasserspeicherung dar. Es ist damit der ganze Wasserhaushalt bekannt.

Vorschlag zur Bestimmung des Grundwasserab- und -zuflusses aus bzw. in den Fluß.

a) Der gesamte Wasserzufluß in das Grundwasser, für die ganze Zeit eines Hochwassers und eine bestimmte Flußstrecke kann nach Abschn. VI ermittelt werden. Wählt man zu diesem Zweck als Flußstrecke eine Pegelstrecke und zeichnet man dafür die Pegelstandslinie des Einlaufprofils (oder evtl. des Auslaufprofils) und die Mengendifferenzenkurve des Ein- und Auslaufprofils in ein Diagramm (Abb. 19), so ergibt sich, bei Vernachlässigung der Verdunstung für diese Zeit, der gesamte Wasserzufluß in das Grundwasser für die Hochwasserzeit als $w_k^1 - w_k^0$.

b) Der Wasserzufluß G_Z^F „pro Zeiteinheit und als Funktion des Wasserstandes" in das Grundwasser kann wie folgt bestimmt werden (Abb. 39): Teilt man den

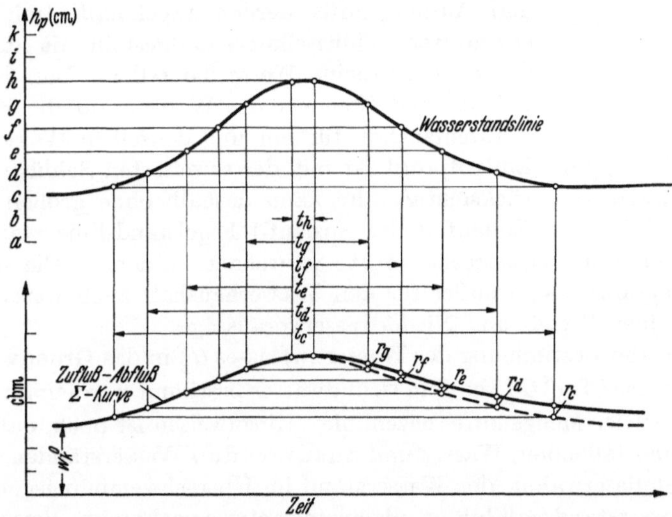

Abb. 39. Ermittlung des Grundwasserabflusses.

Einlaufpegel oder Auslaufpegel in einzelne Abschnitte mit den Pegelpunkten a, b, ..., ermittelt man weiter die z. B. in Höhe g und im zeitlichen Abstand t_g voneinander liegenden zwei Punkte auf dem ansteigenden bzw. abfallenden Ast der Pegelstandslinie des Zulaufes (oder des Auslaufes) und lotet man diese zwei Punkte auf die Mengendifferenzenlinie herab, so erhält man auf ihr zwei etwas verschieden große Wassermengenwerte für den gleichen Wasserstand am Einlaufprofil (oder evtl. Auslaufprofil). Die Differenz dieser zwei Werte (r_g) stellt die seit dem Steigen des Hochwassers über den Punkt g bis wieder zum Fallen auf den Punkt g nicht wieder abgeflossene Wassermenge dar, d. h. die ins Grundwasser abgeflossene und die verdunstete Wassermenge. Stellt man diese Mengendifferenzen r der Reihe nach für die Pegelstände g, f, e, d usw. (Abb. 39) fest, so läßt sich dies auswerten wie folgt:

Bei Wasserständen g—h fließen in der Zeit t_g ins Grundwasser r_g cbm, somit fließen bei Wasserständen g—h pro Zeiteinheit ins Grundwasser $r_g : t_g$ cbm $= v_{g-h}$.

Bei Wasserständen f—h fließen in der Zeit t_f ins Grundwasser r_f cbm (größer als r_g), somit fließen bei Wasserständen f—g pro Zeiteinheit ins Grundwasser

$$\frac{r_f - r_g}{t_f - t_g}\ \text{cbm} = v_{f-g}.$$

Bei Wasserständen e—h fließen in der Zeit t_e ins Grundwasser r_e cbm (größer als r_f cbm), somit fließen bei Wasserständen e—f ins Grundwasser $\dfrac{r_e - r_f}{t_e - t_f}$ cbm pro Zeiteinheit, $= v_{e-f}$, usw.

Trägt man nun die erhaltenen v-Werte in einem Diagramm jeweils in der Mitte der Pegellamelle als Abszisse auf (Abb. 40) und zeichnet man die damit festgelegte

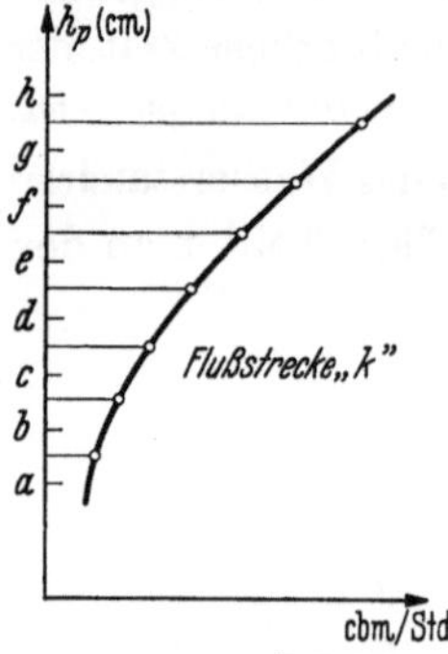

Abb. 40.   Grundwasser-
abflußdiagramm.

Kurve, so erhält man die graphische Darstellung der Versickerung pro „Zeiteinheit für die verschiedenen Wasserstände"; als Zeiteinheit wählt man z. B. einen Tag. Zu bemerken ist noch: Die für diese Untersuchung zu verwendenden Wassermengenlinien des Ein- und Auslaufprofils werden zweckmäßig mit Hilfe der erweiterten Schlüsselkurve aufgestellt, da die Mengendifferenzen r kleine Werte darstellen. Der Einfluß des Fallens und Steigens des Wassers auf die Füllung des Flußschlauches für ein und denselben Wasserstand am Einlaufprofil ist mit der erweiterten Schlüsselkurve berücksichtigt. Es kann deshalb ohne großen Fehler die Einlauf- (oder Auslauf-) Pegelstandslinie statt z. B. der Wasserstandslinie in Pegelstreckenmitte verwendet werden. — Die so ermittelten Sickerdiagramme sind außer für den Wasserhaushalt auch wertvoll für die Aufstellung einer Mittel- und Niederwasservoraussage.

Genau wie die Bestimmung des Wasserzuflusses G_Z^F in das Grundwasser kann auch der Wasserabfluß G_A^F aus dem Grundwasser bestimmt werden mit der Pegelstandslinie und der Mengendifferenzenlinie. Hinzuweisen ist noch, daß bei rasch steigendem und fallendem Wasser und ausufernden Wasserständen, wie schon an anderer Stelle erwähnt, der Wasserstand im Überschwemmungsgebiet gegenüber dem Wasserstand im Fluß im allgemeinen etwas nachhinkt. Verwendet man nun als Vergleichswasserstand zur Differenzenbildung den Fluß, so enthält z. B. die Differenz V_g neben der Versickerung in das Grundwasser auch noch den Wasserinhalt, welchen das Retentionsgebiet faßt zwischen dem Wasserstand, der zur Zeit des Vergleichsflußwasserstandes im Überschwemmungsgebiet bestand bei steigendem Wasser und dem Wasserstand, der bestand bei fallendem Wasser. Man wird deshalb für eine Welle die Differenzenbildung r_d, r_e ... jeweils nur bis zum „bordvollen nicht ausufernden Wasserstand" durchführen und die Sickerwerte für ausufernde Wasserstände aus der Differenz der r-Werte „verschieden hoher Wellen" bei gleichem bordvollen Vergleichswasserstand (als Funktion des Wasserstandes pro Zeiteinheit) ermitteln.

Im Rahmen dieser Arbeit mögen diese Hinweise für die Aufstellung des Wasserhaushaltsplanes eines Flußgebietes genügen.

Dritter Abschnitt.

Stellungnahme.

In Abschnitt 2 wurde unter Berücksichtigung aller Einflüsse ein allgemein-gültiges Verfahren aufgebaut, das gestattet, in verschiedenen Stufen Hochwasser-vorausbestimmungen durchzuführen, bei einem tragbaren Maß von Aufwendungen. Die Ausführungen zeigen, daß in der Praxis die Vorhersage allmählich entwickelt und ausgebaut werden muß, um zu brauchbaren Ergebnissen zu kommen. Eine genaue Vorhersage gleich von Anfang an erfordert so viele Unterlagen, die nur im Laufe längerer Zeit gesammelt werden können, daß alle diese Ansätze scheiterten. Gleichzeitig wurde bei solchen Mißerfolgen dann gerne das ganze an-gewandte Verfahren einschließlich der guten Gedanken verworfen und ich darf wohl sagen, es entstand so eine allgemeine Unsicherheit in der Hochwasser-voraussage. Trotz diesen bisherigen Mißerfolgen und der Unzufriedenheit mit den erzielten Genauigkeiten, die wohl auch der Grund für die sehr wenigen Veröffent-lichungen in der Literatur über diese Sache sind, bin ich überzeugt, daß sich an allen Flüssen eine gute Vorhersage einrichten läßt, wenn man die Voraussage all-mählich entwickelt und dabei die gezeigten Einflüsse und Erkenntnisse immer im Auge behält.

Das größte Maß an Aufwendungen erfordert die Schaffung der Voraussage-unterlagen, das sind die Fließzeitdiagramme, Schlüsselkurven, Scheiteldiagramme und evtl. noch die An- und Ablaufkurven. Außerdem sind in den meisten Fällen neue Pegelstellen und Schreibpegel einzurichten, sowie für die Voraussage aus Niederschlägen Regenmesser aufzustellen. Auch die Meldung der Vorhersage-unterlagen und die Bekanntgabe der Vorhersage sind zu organisieren und dafür zum Teil Hochwassernachrichtenleitungen und Fernmeldeanlagen einzurichten. Sind jedoch diese verhältnismäßig teuren Vorarbeiten einmal durchgeführt, so ist die Voraussage selbst einfach und rasch zu erledigen.

Nach erfolgtem Ablauf eines Hochwassers können aus dem Vergleich der Vor-aussage mit dem tatsächlichen Ablauf die Vorhersageunterlagen kontrolliert und allmählich verbessert werden. Dem gleichen Zwecke dient die nochmalige Unter-teilung der Pegelstrecken in Teilstrecken, die Einführung der erweiterten Schlüssel-kurve und erweiterten Abflußdiagramme, die Betrachtung der Grundwasserver-hältnisse, der allmähliche Übergang auf die Wassermengen usw. Das Eingehen auf all diese Verhältnisse zeigte, daß einige der Vorgänge nur ungenau oder schwierig in das Verfahren aufgenommen werden können. So ist etwas unsicher z. B. der Abfluß im vereisten Flußbett und ganz versagt eine Voraussage für Hochwasser aus Eisstauungen. Für Voraussagen an den Oberläufen aus Niederschlägen wird der Einfluß des jeweiligen Grades der Bodensättigung mit Wasser, wenigstens anfangs, Anlaß zu Ungenauigkeiten geben. Auch Winterhochwasser aus Schnee-schmelzen lassen sich zuverlässig wohl nur aus den Wasserständen und nicht aus den Wetterlagen vorhersagen.

So ergibt sich für die Hochwasservoraussage folgendes Bild: Im praktisch wichtigsten Mittel und Unterlauf, für den die Vorhersage aus den Wasserständen eine genügende Zeitspanne zwischen Vorhersage und Eintritt einer Hochwasserwelle ergibt, ist eine gute Vorausbestimmung immer durchführbar mit Ausnahme von Hochwasser aus Eisstauungen und sie ist nur angenähert möglich für vereistem Flußschlauch. Für den Oberlauf eines Flusses, an dem zur Erlangung einer genügend großen Zeitspanne zwischen Voraussage und Eintritt aus den Niederschlägen und der Wetterlage vorherbestimmt werden muß, macht die Voraussage aus Schneeschmelzen Schwierigkeiten, es ist dagegen die Voraussage aus den Regenfällen ohne Zweifel möglich. Im allgemeinen besteht für eine Vorhersage an den Oberläufen auch weniger Bedürfnis.

Zur praktischen Durchführung der Voraussage selbst sei nochmals betont, daß jedes Verfahren scheitern muß, wenn nicht wenigstens die wichtigsten Punkte des Flußsystems für die Meldungen durch eigene Nachrichtenwege verbunden werden (Fernmeldeanlagen, Hochwasser-Fernsprechleitungen), die zu normalen Zeiten dem öffentlichen Verkehr freigegeben und so gut ausgenutzt werden können. Fehlen die Nachrichtenwege, so zeigt die Erfahrung, daß die Staatstelephone und -telegraphen in den Stunden der Gefahr meist überlastet sind und die Abwicklung des eigentlichen Nachrichtendienstes besonders durch Rückfragen stark gestört wird. Gleich wichtig ist die Einrichtung von selbstschreibenden Pegeln an maßgebenden Punkten für die Aufstellung von zuverlässigen Vorhersageunterlagen und Vorhersagen.

Nachdem also für alle praktisch wichtigen Fälle eine zuverlässige Voraussage bei guter Organisation möglich ist, bleibt zum Schluß noch die Frage zu beantworten, ob auch die Kosten eines solchen Voraussagedienstes vertretbar sind, d. h. welches der Gewinn aus einer solchen immerhin kostspieligen Einrichtung ist. In diesem Zusammenhang interessiert eine Umfrage der Bayerischen Landesstelle für Gewässerkunde nach dem Katastrophenhochwasser Juli/August 1924, die ergab, daß es möglich gewesen wäre, die Hochwasserschäden herabzumindern, wenn den Anliegern etwas früher der Verlauf des ankommenden Hochwassers hätte gemeldet werden können. Die Schäden des Hochwassers werden nach Soldan z. B. im Elbe- und Odergebiet im Sommer 1926 auf 120 Millionen Reichsmark geschätzt, desgleichen das Hochwasser vom Januar 1926 namentlich am Rhein mit 100 Millionen Reichsmark angegeben; gleichhoch werden die Rheinhochwasser von 1920 und 1924 veranschlagt. Das ergibt in sechs Jahren einen Gesamtschaden von mehr als 300 Millionen Reichsmark, wobei die teilweise recht erheblichen Sommerhochwasser nicht mitgerechnet sind[1]. Nach einer statistischen Erhebung und Durchrechnung vom Jahre 1927 haben die Hochwasser an der Donau im Zeitraum von 20 Jahren einen durchschnittlichen jährlichen Schaden von 135 RM/ha angerichtet[2]. Mögen die Zahlen auch hoch gegriffen sein, so läßt sich doch erkennen, daß die Kosten eines zuverlässigen Vorhersageverfahrens nur einen Bruchteil ausmachen können von dem, was jährlich an Volksgut dadurch erhalten wird.

Auch darauf sei abschließend nochmals hingewiesen: Die Durchführung des vorgeschlagenen Verfahrens mit Verwendung der Wassermengen liefert nebenbei wertvolles Zahlenmaterial für die Beantwortung wichtiger Fragen an unseren Flüssen. Man kann sich, wie gezeigt wurde, Einblick in die Grundwasserverhältnisse schaffen, den Wasserhaushalt des Flußsystems klären usf. Es ist dies

---

[1] Soldan: Die großen Schadenhochwasser der letzten Jahre und ihre Ursachen. Zbl. Bauverw. 1927, Heft 19.

[2] Von Mitzsch, Ministerialrat: Die Hochwasserschutzmaßnahmen an der Donau zwischen Regensburg und Passau. Wasserkr. u. Wasserwirtsch. 1935, S. 251.

neben rein wissenschaftlichem Interesse für die Beurteilung von Wasserbauprojekten außerordentlich wertvoll. — Bemerkt sei noch, daß mit den entwickelten Gedankengängen auch eine Niederwasservorhersage aufgebaut werden kann durch Erweiterung der Vorhersageunterlagen für niedere Wasserstände und die gezeigte Klärung des Grundwassereinflusses.

Literaturnachweis.

Bratschke, Rudolf: Versuch einer kurzfristigen Niederschlagsvorhersage. Wasserwirtsch. 1933, Nr. 16.
— Die Ganglinie der Mur als Funktion der Witterung im Einzugsgebiet. Wasserwirtsch. Wien 1928, Nr. 13.
Crugnola: Zur Dynamik des Flußbettes. Z. Gewässerk.
Fischer, K.: Niederschlag und Abfluß im Odergebiet. Jb. Gewässerk. Bes. Mitt. Bd. III Nr. 2.
Forel: Le Leman, II. Bd., S. 20.
Gutachten über die Ausführung der Hoch- und Niedrigwasservoraussage am Rhein. Landesanstalt für Gewässerkunde im Ministerium für Landwirtschaft, Domänen und Forsten, Berlin, 31. März 1928.
Haeuser, J.: Kurze starke Regenfälle in Bayern .... München 1919, S. 51.
Kaller: Weser und Ems. III. Bd. S. 547ff.
Kleitz: Nots sur la theorie du mouvement non permanent ... Annles des ponts et chausees, Paris 1877, II. Bd.
Kolupaila, St.: Die Berechnung der Winterabflußmengen. II. Baltische hydrolog. u. hydrometr. Konferenz, Tallin 1928.
Koženy, J.: Die Wasserführung der Flüsse. Leipzig und Wien 1920.
Lex Friedrich: Dissertation.
Mitteilungen und Unterlagen der Rheinstrombauverwaltung, Koblenz.
Mitzsch, von: Die Hochwasserschutzmaßnahmen an der Donau zwischen Regensburg und Passau. Wasserkr. u. Wasserwirtsch. 1935, S. 251.
Rosenauer, F.: Die Wasserstandsvorhersage für die österreichische Donaustrecke. Wasserwirtsch. Wien 1926, Nr. 8.
— Einiges über die Entwicklung des Hochwassernachrichtendienstes an der Donau und ihren Nebenflüssen. Wasserwirtsch. Wien 1930, Nr. 36.
Schaffernak: Über Trockenwetterauslauflinie. Hydrographie, Wien 1935, S. 318, 394.
Siedek, R.: Wasserstands-Fernmelde-Apparat, System Siedek-Schäffler. Öst. Mschr. öst. Baudienst 1899, Heft 12.
Soldan: Die großen Schadenhochwasser der letzten Jahre und ihre Ursache. Zbl. Bauverw. 1927, S. 19.
Sprengel: Über die Vorausbestimmung von Flußwasser unter Anwendung des Verzögerungsplanes. Z. Verb. dtsch. Arch.- u. Ing.-Ver. Berlin 1913, Nr. 47/48.
Tein, M. von: Die Anschwellung im Rhein, ihre Fortpflanzung im Strome nach Maß und Zeit unter Einwirkung der Nebenflüsse. Berlin 1897.
Tolkemit: Grundlagen der Wasserbaukunst, S. 132. Berlin 1898.
Zentralblatt der Bauverwaltung, 1922, S. 409.

Zur Ergänzung seien noch genannt:
Versuch einer Vorhersage rascher Pegelstandsänderungen des Rheinstromes bei Basel usw. Schweiz. Wass. u. Energiewirtsch. Zürich 1932, Heft 7 u. 8.
Schocklitsch, A.: Wasserbau, 1. Bd., Wien 1930.
Außerdem enthält „Hydrographie" von Schaffernak, Wien 1935 noch einiges neben dem schon Angeführten.

Hochwasservoraussage
(Methodik)

und

Hochwassermeldedienst
auf
deutschen Flüssen.

– 1938 –

Bericht 4 B (Deutschland)

Hochwasservoraussage (Methodik) und Hochwassermeldedienst auf deutschen Flüssen.

Von

Fritz Lippert, Berlin.

1. An den norddeutschen Strömen, insbesondere auch an der in die Ostsee mündenden Oder, wird seit Jahrzehnten ein ausgedehnter Hochwassermeldedienst durchgeführt und gleichzeitig eine Hochwasservoraussage ausgeübt. An diesen Flüssen, an denen seit langem mit Erfolg vorausgesagt wird, hat es ursprünglich an Versuchen, bei der Hochwasservoraussage von den Abflußmengen auszugehen, nicht gefehlt. Die hierbei gemachten schlechten Erfahrungen haben indessen dazu geführt, daß man sich immer mehr einem bestimmten, auf den unmittelbaren Wasserstandsbeobachtungen aufgebauten Verfahren näherte, das zuerst an der Oder ausgebildet und dann auch an Weser und Elbe mit Erfolg angewandt und verbessert worden ist.

Dieses Verfahren beruht auf der Z e i c h n u n g   v o n   B e z u g s k u r v e n und ermittelt unmittelbar aus den Einzelbeobachtungen der Scheitelstände kleinerer oder größerer Anschwellungen von Pegel zu Pegel die zusammengehörigen Wasserstände, die der Fortpflanzungsgeschwindigkeit der Flutwelle entsprechend in gesetzmäßiger Folge nacheinander an den verschiedenen Pegelstellen immer wieder aufzutreten pflegen.

Infolge des Umstandes, daß sich die Hochwasser oft auf den Einzelfluten zahlreicher, mehr oder weniger stark betroffenen Seitenzubringer aufbauen, können je nach der Wasserführung der verschiedenen Nebenflüsse auf dem Hauptstrom starke Verschiebungen der Scheitel eintreten, so daß diese nicht ohne weiteres

1

zueinander in Beziehung gesetzt werden können. Um in derartigen
Fällen den umgestaltenden Einfluß der Nebenflußwellen aufzuklären
und die wirklich zusammengehörigen Wasserstände zu ermitteln,
muß man zu einem Hilfsmittel greifen, das sich ausgezeichnet
bewährt hat, nämlich der sorgfältigen Aufzeichnung einer größeren
Zahl von Wellen für eine Reihe von Pegeln, zwischen denen die
Beziehungen ermittelt werden sollen. Man verwendet zweckmäßig
für derartige Auftragungen besondere Formblätter, die sich als
besonders geeignet erwiesen haben. Die Wasserstände werden
hierbei im Maßstabe 1 : 50 aufgetragen; die Zeiteinteilung bean-
sprucht für einen Tag einen Raum von 6 mm, so daß für eine Stunde
= $^1/_4$ mm auch noch verhältnismäßig genaue Eintragungen und
Ablesungen der Zeit möglich sind. Die Ursachen der Scheitelverschiebungen lassen sich an Hand solcher Wellenbilder (vgl. Abb. 1)
im allgemeinen leicht erkennen, so daß sich auch mit einiger
Genauigkeit die zusammengehörigen Wasserstände finden lassen.

Trägt man die zusammengehörigen Wasserstände an zwei zu
vergleichenden Pegeln in ein Koordinatennetz ein, so stellt die
Verbindung all dieser Punkte die Bezugskurve zwischen den beiden
Pegeln dar. Solange der Fluß unter der Ausuferungshöhe bleibt,
verlaufen die so gefundenen Bezugskurven nahezu geradlinig. Wird
diese Höhe überschritten, so kann sich die Neigung der Bezugskurve je nach den Querschnittsverhältnissen des Hochwasserbettes
erheblich ändern. Die zur Ermittlung der Bezugskurven benutzten
Wasserstände werden am besten den Aufzeichnungen von Schreibpegeln entnommen. Wo nur Lattenpegel vorhanden sind, wird
man zur Ergänzung des Verlaufs der Wasserstandsbewegung soweit
möglich auf Nebenbeobachtungen zurückgreifen müssen.

Eine derartige Bezugskurve zeigt Abb. 2, die einem praktischen
Beispiel entnommen ist. Zu ihrer Ermittlung dienten die an den
57 km voneinander entfernten Pegeln B und C (Gebietszuwachs
= 3428 km²) eingetretenen Scheitelstände. Bei der Führung der
Bezugskurven wird man naturgemäß in erster Linie die Punkte aus
jüngerer Zeit als maßgebend zu betrachten haben; trotzdem passen
sich aber auch die älteren Bezugspunkte der eingezeichneten Kurve
im allgemeinen gut an. Der älteste Bezugspunkt in Abb. 2 stammt
aus dem Jahre 1824 und der jüngste aus dem Jahre 1927. Da auf
der fraglichen Strecke Absenkungen des Niedrigwassers
infolge Sohlenänderungen festgestellt sind, ergibt sich gleichzeitig,
daß diese Sohlenänderungen für die Abführung der Hochwasser an dieser Stelle bisher ohne größere Bedeutung geblieben sind.

Nur in seltenen Fällen werden sich nun so eindeutige Beziehungen ergeben, wie sie Abb. 2 zeigt. Je nach der Größe des

2

Gebietszuwachses zwischen zwei Pegeln werden die Bezugspunkte
mehr oder weniger um eine mittlere Kurve streuen. In solchen
Fällen ergibt sich die Notwendigkeit, neben der Einzeichnung einer
mittleren Bezugskurve noch einen Streifen abzugrenzen, innerhalb
dessen je nach der Wellenform und der Wasserlieferung des
Zwischengebiets die gleichwertigen Beziehungen auftreten können.

Auf denjenigen Bezugsstrecken, für die einfache von Pegel zu
Pegel fortschreitende Bezugskurven ausreichen, können für einen
gegebenen Wasserstand des obersten Pegels die zugehörigen
Wasserstände der unterhalb gelegenen Pegel der Reihe nach ohne
weiteres aus der Zeichnung entnommen und vorausgesagt werden.
Wo neben der Hauptbezugskurve Grenzkurven angegeben sind (vgl.
Abb. 3), muß der zu dem Wasserstand am oberen Pegel gehörige
Wasserstand am unterhalb gelegenen Pegel nach dem allgemeinen
Abflußzustand des Zwischengebiets eingeschätzt werden. Bei
normaler Speisung gilt die mittlere Bezugskurve, bei reichlicher
Speisung aus dem Zwischengebiet ist dagegen der Stand des unterhalb gelegenen Pegels mehr nach der höheren (rechten) Grenzlinie
hin abzulesen. In Abb. 3 ist hierfür ein Beispiel eingezeichnet. Die
Speisung aus dem Gebiet zwischen den Pegeln A und E hält sich
dabei in gewöhnlichen Grenzen; zwischen den Pegeln E und F ist
sie reichlich, zwischen F und B ungewöhnlich gering und zwischen
B und C wieder normal. Man geht durchlaufend von einem Pegel
zum anderen weiter, wobei man stets zur mittleren Bezugskurve
zurückgehen muß.

Schwieriger wird die Voraussage, wenn zwischen zwei Pegeln
das Einzugsgebiet stark zunimmt. Mündet so z. B. zwischen zwei
Pegeln ein Nebenfluß, der seiner Größe, Lage und Gestaltung nach
als wichtig für die Entwicklung der Hochwasser zu gelten hat oder
gar ausschlaggebend ist, so streuen die Bezugspunkte derart, daß
man auch mit einfachen Grenzkurven in der Praxis nichts mehr
anfangen kann, da der für die Beziehungen gültige Streifen zu breit
würde. Schreibt man nun in solchen Fällen an die Bezugspunkte
die zugehörige Höhe des Wasserstandes an einem geeigneten Pegel
des Nebenflusses, so kann man aus diesen Zahlen für jeden beliebigen Wasserstand des Nebenflusses eine Bezugskurve für die Wasserstände an den beiden Pegeln des Hauptflusses ableiten, in ähnlicher
Weise, wie aus den im Lageplan aufgetragenen Höhenzahlen eines
Flächennivellements die Höhenschichtlinien gefunden werden. So
ergeben sich Scharen von Bezugskurven, die den verschiedenen
Wasserständen des Nebenflusses und ihrer Einwirkung auf den
Hauptfluß entsprechen (vgl. Abb. 3, Pegel G über H, und Abb. 4).

Liegen solche Zubringer im Mittellauf des Hauptflusses, so
können sie unter Umständen die aus dem Oberlauf des Hauptflusses kommende Flutwelle entweder vollkommen umgestalten und
den zeitlichen Vorsprung der Hochwasservoraussage sehr gering
werden lassen, oder aber die Welle des Nebenflusses läuft der
Welle des Oberlaufs stark voraus; so ruft z. B. im Odergebiet die
vorauseilende Welle des Bober, die schon eine Woche vor der
Oderwelle ankommt, an der unteren Oder Schäden hervor.

2. Wir sind damit bei dem zweiten wichtigen Punkte angelangt,
der für den Erfolg des Voraussage-Verfahrens von ausschlaggeben-
der Bedeutung ist, nämlich dem zeitlichen Verlauf der
Hochfluten. Auf den Flußstrecken mit geringerer Speisung aus dem
Zwischengebiet lassen sich beim Vorhandensein von Schreibpegeln
die Laufzeiten der Wellenscheitel im allgemeinen leicht finden. Bei
Lattenpegeln ist man auf Nebenbeobachtungen und damit auf die
Sorgfalt und Einsicht der Beobachter angewiesen. Mangelt es an
geeigneten Unterlagen für die Bestimmung der Fortpflanzungs-
geschwindigkeiten der Wellenscheitel, so bieten die schon bei
Ermittlung der Bezugskurven beschriebenen Wellenbilder ein
bewährtes Hilfsmittel, mit dem sich auch der zeitliche Verlauf der
zusammengehörigen Scheitel meist leicht und anschaulich verfolgen
läßt.

Trägt man für die einzelnen Stromstrecken die Scheitelstände
am oberen Pegel als Ordinaten auf und die zugehörigen Zeiten, in
denen die Scheitel die Strecke durchlaufen haben, als Abszissen,
so tritt im allgemeinen eine deutliche Gesetzmäßigkeit hervor,
wenn auch eine etwas stärkere Streuung der Punkte als bei der
Herstellung der Bezugskurven die Regel sein wird (vgl. Abb. 2,
Darstellung links). Es zeigt sich, daß die Zulaufzeit bei verschiedenen Wasserständen nicht gleichbleibt, sondern sich mehr oder
weniger mit der Wasserstandshöhe ändert. Bei kleinen Anschwellungen, die innerhalb des geschlossenen Bettes bleiben, nimmt die
Laufzeit mit zunehmender Höhe der Wellenscheitel gewöhnlich ab.
Beginnt der Fluß bei weiterer Anschwellung, aber immer noch
unterhalb des bordvollen Standes, die flacher geböschten Teile
seines Bettes auszufüllen und über besonders niedrig gelegene Uferteile auszutreten, so verwandelt sich die Verminderung der Laufzeiten in eine Zunahme, die sich bei weiterem Anstieg und Erreichung der allgemeinen Ausuferungshöhe verstärkt; sie tritt
besonders stark in die Erscheinung, wenn größere Flächen des
Überschwemmungsgebiets annähernd gleichzeitig überschwemmt
werden. Ist das Hochwasserbett in voller Breite gefüllt und steigt
das Wasser immer noch weiter, so nimmt die Laufzeit der Scheitel

wieder ab und kann unter Umständen bei gut geschlossenen Hochwasserquerschnitten den bei kleineren Wasserständen erreichten Mindestwerten ziemlich nahekommen. Es zeigt sich also, daß der jeweilige Querschnitt des Hochwasserbettes auf den zeitlichen Verlauf der Scheitelstände einen wesentlichen Einfluß auszuüben vermag, der bei der Voraussage im allgemeinen berücksichtigt werden muß. Dem steht nicht im Wege, in der Praxis auf einzelnen kurzen Flußstrecken, wo es sich nur um wenige Stunden handelt, zur Vereinfachung der Voraussage mit einer konstanten Laufzeit zu rechnen.

Beim Auftragen der Einzelbeobachtungen, aus denen eine Laufzeitlinie ermittelt werden soll, zeigt sich nun, daß auch die Form der Wellenscheitel Einfluß auf ihre Fortschrittsgeschwindigkeit hat. Die große Mehrzahl der guten Beobachtungen, zu denen vorzugsweise die an den spitzeren Wellen gehören, ergibt Punkte, die auf einem schmalen Flächenstreifen eng zusammenliegen und den Verlauf der gesuchten Linie deutlich vorzeichnen; dagegen liefern die flacheren Wellenscheitel durchschnittlich größere Zeitwerte, und im allgemeinen sind die Abweichungen um so größer, je breiter und massiger der Wellenscheitel geformt war. Die Verflachung, die die Flutwelle beim Fortschreiten gewöhnlich erleidet, macht sich besonders stark auf der Übergangsstrecke vom Vorderhange zum Scheitel bemerkbar.

Da unter Umständen eine geringe Formänderung einer Welle Scheitelverschiebungen von ganzen Tagen hervorbringen kann, ist es offenbar nicht möglich, für das Fortschreiten der Scheitel b r e i t g i p f e l i g e r Wellen allgemeine Regeln aufzustellen. In Wirklichkeit entsteht daraus kein großer Nachteil, denn es wird kaum je von Bedeutung sein, ob die letzten paar Zentimeter eines erwarteten Hochwasserstandes erst etwas nach dem angenommenen Zeitpunkte erreicht werden, während ein Zufrühkommen einer steilen Flutwelle sehr empfindlichen Schaden bringen kann.

Auf Grund dieser Verhältnisse wird man also in erster Linie spitze Wellen zur Ermittlung der Laufzeitlinien heranziehen.

Ebenso wie der Einfluß einer flachen Scheitelform kann auch der der Nebenflüsse nur von Fall zu Fall schätzungsweise berücksichtigt werden. Bei der Ermittlung der gewöhnlichen Laufzeitlinien sind deshalb die Beobachtungen beiseitezulassen, bei denen nach den Wasserständen eines Nebenflusses oder nach sonstigen Anzeichen ein störender Einfluß dieser Art zu vermuten ist.

5

3. Das Ziel der Hochwasservoraussage ist nun, für eine Reihe
von Pegeln, neben der allgemeinen Entwicklung des Hochwassers
für die nächsten Tage, den zu erwartenden höchsten Wasserstand
der H ö h e und der Z e i t nach möglichst genau vorauszusagen.

Einem Fehlgreifen der z e i t l i c h e n Voraussage, selbst um
eine Reihe von Stunden, kommt, wie schon erwähnt, nicht die
Bedeutung zu, die einem größeren Fehler in der Voraussage der
H ö h e beizumessen ist. Das Voraussagen von Scheitelwasser-
ständen ist nur auf Grund von Scheitelmeldungen von oberhalb
gelegenen Pegeln möglich. Um jedoch die Unterlieger möglichst
zeitig auf die drohende Hochwassergefahr aufmerksam machen zu
können, wird man nicht erst derartige Scheitelmeldungen abwarten
dürfen, sondern der Voraussagedienst wird gleichzeitig mit Einsetzen des a l l g e m e i n e n H o c h w a s s e r n a c h r i c h t e n -
d i e n s t e s zu beginnen haben. Solange sich der Eintritt des
Scheitelstandes nicht übersehen läßt, wird man den ersten Voraussagen zweckmäßigerweise den Zusatz geben: „Steigt weiter" oder
dergleichen. Die gegebenen Voraussagen stellen dann Mindestwerte
der zu erwartenden Wasserstände dar; ihren Eintritt an eine bestimmte Stunde zu binden, ist nicht erforderlich. Zusätze für die
Tageszeit, wie z. B. mittags, nachmittags, abends, nachts, genügen
vielmehr vollständig. Durch eine bestimmte Stundenangabe würde
im übrigen nur eine Genauigkeit vorgetäuscht, die nicht zu erreichen ist, solange die Hochwasserwelle in der Entwicklung begriffen ist.

Zur Ermöglichung einer Scheitelvoraussage ist es erforderlich,
daß die Scheitelstände an den oberen Pegelstationen unabhängig
von den laufenden Meldungen besonders gemeldet werden. Im
übrigen hängt die Genauigkeit der Voraussage für die ansteigende
Welle sehr von der Zahl der eingehenden Meldungen ab, auf Grund
deren jedesmal eine neue Voraussage erfolgen kann. An den
großen Flüssen werden im allgemeinen weniger Meldungen erforderlich sein, als etwa an Gebirgsflüssen. Aber auch an den Haupt-
strömen sollte man innerhalb 24 Stunden mindestens drei laufende
Wasserstandsmeldungen verlangen; des weiteren empfiehlt es sich,
Zwischenmeldungen machen zu lassen, sobald das Wasser seit der
letzten Meldung um mehr als ein bestimmtes Maß gestiegen ist, was
vor allem für die Nebenflüsse in Betracht kommt.

Wie sich die Zahl der Meldungen auf die Genauigkeit der Voraussage im ansteigenden und abfallenden Aste auswirkt, ist aus
Abb. 5 zu ersehen; hier sind zwei Voraussagen gegenübergestellt,

von denen die eine auf Grund von zwei und die andere auf Grund
von drei Tagesmeldungen neben den Scheitelmeldungen erfolgte.
Es ergibt sich ohne weiteres, daß die Voraussage dem wirklichen
Verlauf um so besser entspricht, je mehr Meldungen dazu heran-
gezogen werden. Im übrigen wird man auf Grund der letzten
Meldungen den Verlauf der Wasserstandsbewegung in den nächsten
Stunden wenigstens leicht abschätzen können, so daß sich mit Hilfe
dieser Schätzungen Zwischenvoraussagen machen lassen, die die
Voraussage dem wirklichen Verlauf noch enger anpassen werden
(vgl. die gestrichelte Linie in Abb. 5).

Freilich ergibt sich aus der Mehrforderung von Meldungen eine
weitere unerwünschte Belastung des Telegraphennetzes. Es ist
jedoch in diesem Falle zweckmäßiger, lieber einige minderwichtige
Pegel ganz ausfallen zu lassen und dafür die Zahl der Meldungen
an den wichtigeren Pegeln zu vermehren, besonders dann, wenn die
Verwaltung über ein eigenes Telegraphennetz nicht verfügt. Für
die Durchführung der Voraussage steht erfahrungsgemäß meist nur
sehr wenig Zeit zur Verfügung. Eine Berücksichtigung aller auf
Grund der Hochwassermeldeordnung eingehenden Pegelstände ist
sowieso nicht möglich. Es ist erforderlich, die Voraussage möglichst
einfach zu gestalten und das Verfahren auf wenige Richtpegel zu
beschränken. Von den Richtpegeln, für die vorausgesagt wird,
kann nach Wunsch die Voraussage von Lokalbehörden und anderen
geeigneten Stellen auf Grund von einfachen Bezugskurven mit an-
genäherter Genauigkeit auf andere nahegelegene Pegel, übertragen
werden.

Neben den Richtpegeln wird man — beispielsweise in den
höher gelegenen Einzugsgebieten hochwassergefährlicher Nebenflüsse — zur Voraussage vielleicht noch einige Hilfspegel heranziehen, die in das Voraussageverfahren zwar nicht unmittelbar ein-
geflochten sind, deren Kenntnis jedoch bei der Beurteilung künftiger
Entwicklungsmöglichkeiten der im Aufbau begriffenen Hochwasserwelle gewisse allgemeine Dienste zu leisten vermag. Diese Hilfspegel spielen eine ähnliche Rolle wie die Wettermeldungen,
die auf Grund des in Deutschland eingerichteten R e i c h s -
w e t t e r m e l d e d i e n s t e s   f ü r   w a s s e r w i r t s c h a f t -
l i c h e Z w e c k e eingehen.

Zur leichteren Beobachtung des Verlaufs der Hochwasserwelle,
insbesondere aber auch zur Einschätzung der zwischen den Meldungen eingetretenen Wasserstände, ist es unbedingt erforderlich,
daß alle eingehenden Wasserstandsmeldungen sofort graphisch aufgetragen werden. Hierdurch wird die Übersichtlichkeit über den

allgemeinen Abflußzustand wesentlich erhöht. Zur Auftragung
genügen die schon beschriebenen Formblätter, die, laufend gesammelt, wertvolle Unterlagen bieten, um durch vergleichende Studien
die Voraussage wesentlich zu erleichtern.

Auf die Gründe, weshalb die Hochwasservoraussage oft keinen
großen zeitlichen Vorsprung vor dem Eintritt der Scheitelstände
erzielen kann, ist schon hingewiesen worden. Durch den umgestaltenden Einfluß großer Nebenflüsse ist man darauf angewiesen, der
Voraussage nicht nur die Wasserstände des Hauptflusses, sondern
vor allem auch die Scheitelstände der Seitenzubringer zugrunde zu
legen. Es ergibt sich so eine natürliche Gliederung der Voraussage
in Abschnitte, die durch diejenigen Zubringer bestimmt werden, die
unterhalb ihrer Einmündung in den Hauptstrom erfahrungsgemäß
von stärkerer Einwirkung sind, was namentlich dann zutrifft, wenn
sie in dem betreffenden Stromabschnitt einen entscheidenden
Höchststand hervorrufen können. Dieser Höchststand entspricht
dabei allerdings keineswegs dem Scheitel der Nebenflußwelle allein.
Er setzt sich vielmehr auf die im Hauptfluß entweder noch im
Anstieg oder seltener im Abfall begriffene Welle auf, so daß sich
ein neuer Scheitel ausbildet, der zwischen dem im allgemeinen vor-
auseilenden Nebenflußscheitel und dem nachlaufenden Scheitel des
Hauptstromes gelegen ist (vgl. Abb. 5).

4. Zu den eingangs erwähnten, immer wieder von neuem*) auf-
tauchenden Vorschlägen, bei der Hochwasservoraussage von den
A b f l u ß m e n g e n statt von den W a s s e r s t ä n d e n auszugehen, ist festzustellen, daß zahlreiche Versuche dieser Art bisher
stets fehlgeschlagen sind.

Die Verwendung von Abflußmengen setzt das Vorhandensein
von Abflußkurven voraus, die bis zum höchsten Hochwasser reichen
müssen. Es fehlen aber bis heute noch durchweg Hochwassermessungen in genügender Zahl. Im übrigen setzt das reine Abfluß-
Summenverfahren (bei Nebenflüssen) einen längere Zeit dauernden
Beharrungszustand aller in Rechnung gezogenen Gewässer voraus.
Wellenscheitel sind aber in diesem Sinne nicht Beharrungszuständen
gleichzusetzen, weil die Hochwasserwellen auf ihrem Wege in die
Länge gezogen werden und infolgedessen ihre Scheitelmengen
kleiner werden. Je größere Überschwemmungsgebiete von der
Welle angefüllt werden müssen, um so mehr nimmt die Scheitel-
menge ab. Das Additionsexempel kann also bei ausgedehnteren
Flußnetzen keinesfalls stimmen. Das Abfluß-Summenverfahren ist

---

*) Vgl. W a l l n e r : Die Hochwasservoraussage. Verlag J. Springer,
Berlin 1938.

8

daher allenfalls bei einer Niedrigwasservoraussage anwendbar, bei
der die Abflußverhältnisse schon eher einem Beharrungszustande
nahekommen, niemals aber bei Hochwasser mit seinen schnell und
stark veränderlichen Wasserständen.

Des weiteren darf nicht übersehen werden, daß die Verwendung
von Abflußmengen zur Voraussage einen Umweg bedeutet, da diese
immer erst aus den allein beobachteten Wasserständen abgeleitet
und dann wieder in Wasserstände zurückverwandelt werden müssen.
Auf diese Weise ergibt sich lediglich eine Vermehrung der Fehlerquellen.

Von der Verwendung von Abflußmengen bei der Hochwasservoraussage kann daher meines Erachtens auch in Zukunft kaum
eine Verbesserung der Hochwasservoraussage erwartet werden.

Additional material from *Die Hochwasservoraussage,*
ISBN 978-3-642-90517-9 (978-3-642-90517-9_OSFO1),
is available at http://extras.springer.com

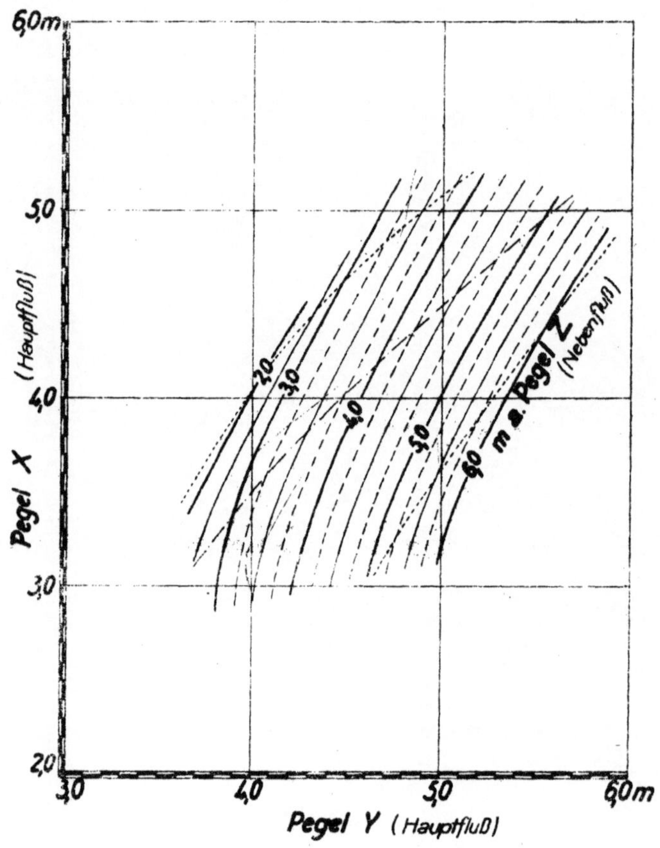

Abb. 4.

Darstellung der Beziehungen zwischen den Wasserständen an den Pegeln X und Y des Hauptflusses und dem Pegel Z eines großen Nebenflusses.

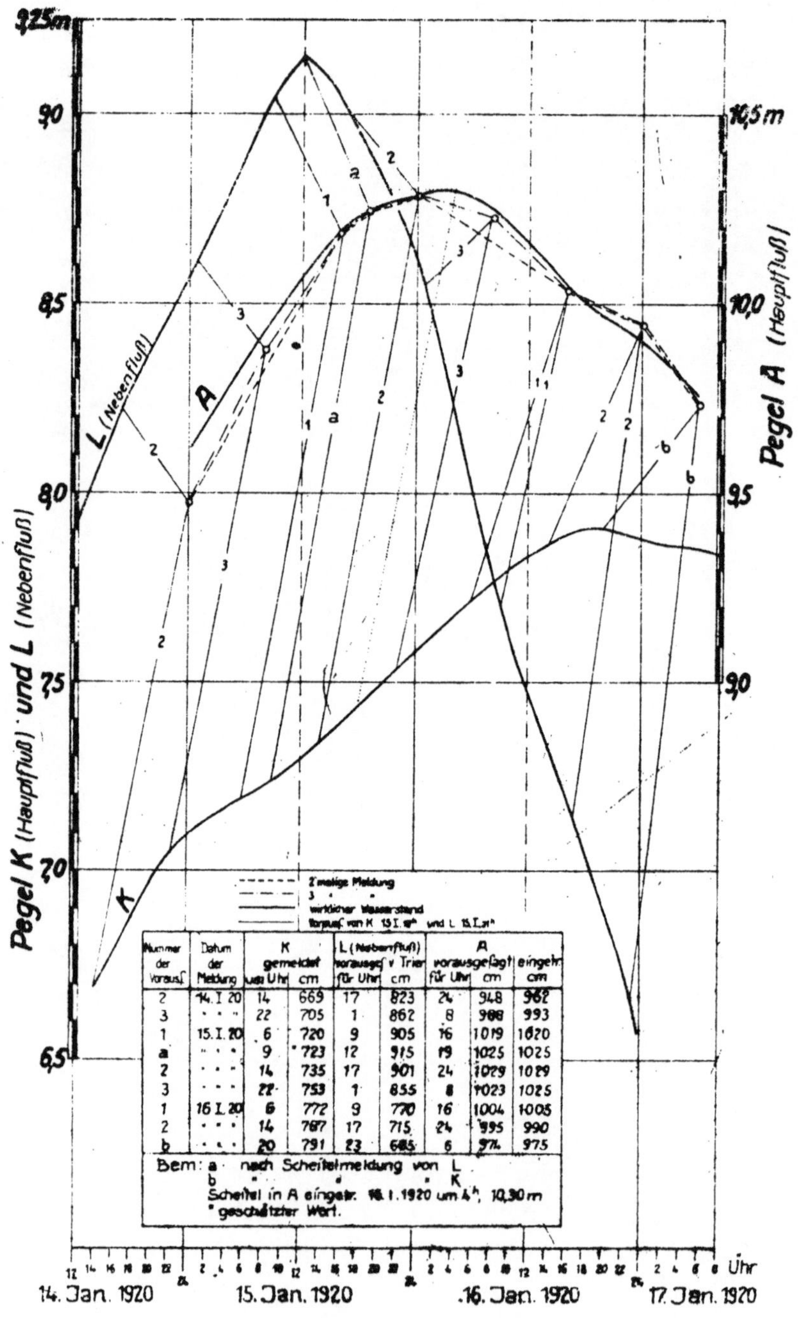

Nummer der Voraus.	Datum der Meldung	K gemeldet		L (Nebenfluß) vorausgef v Trier		A vorausgesagt		eingetr.
		um Uhr	cm	für Uhr	cm	für Uhr	cm	cm
2	14. I. 20	14	669	17	823	24	948	962
3	" " "	22	705	1	862	8	988	993
1	15. I. 20	6	720	9	905	16	1019	1020
a	" " "	9	*723	12	915	19	1025	1025
2	" " "	14	735	17	901	24	1029	1029
3	" " "	22	753	1	855	8	1023	1025
1	16 I. 20	6	772	9	770	16	1004	1005
2	" " "	14	787	17	715	24	995	990
b	" " "	20	791	23	685	6	974	975

Abb. 5.

Einfluß der Zahl der Wasserstandsmeldungen auf die Genauigkeit der Scheitelvoraussage.

Additional material from *Die Hochwasservoraussage,*
ISBN 978-3-642-90517-9 (978-3-642-90517-9_OSFO2),
is available at http://extras.springer.com